當動物拳腳相向時

動物為何而戰？

從生物學看衝突、排擠、搶奪與強制交配如何形塑動物行為

QUAND LES ANIMAUX FONT LA GUERRE

Loïc Bollache

羅伊克・博拉許——著　陳郁雯——譯

科普漫遊 FQ1090

當動物拳腳相向時

動物為何而戰？從生物學看衝突、排擠、搶奪與強制交配如何形塑動物行為

Quand les animaux font la guerre

作　　者　羅伊克・博拉許（Loïc Bollache）
譯　　者　陳郁雯
編輯總監　劉麗真
責任編輯　許舒涵
行銷企畫　陳彩玉、林詩玟
封面設計　莊謹銘

副總編輯　陳雨柔
編輯總監　劉麗真
事業群總經理　謝至平
發 行 人　何飛鵬
出　　版　臉譜出版
台北市南港區昆陽街16號4樓
電話：886-2-2500-0888 傳真：886-2-2500-1951
發　　行　英屬蓋曼群島商家庭傳媒股份有限公司城邦分公司
台北市南港區昆陽街16號8樓
客服專線：02-25007718；02-25007719
24小時傳真專線：02-25001990；02-25001991
服務時間：週一至週五上午09:30-12:00；下午13:30-17:00
劃撥帳號：19863813 戶名：書虫股份有限公司
讀者服務信箱：service@readingclub.com.tw
城邦網址：http://www.cite.com.tw
香港發行所　城邦（香港）出版集團有限公司
香港九龍土瓜灣土瓜灣道86號順聯工業大廈6樓A室
電話：852-25086231　傳真：852-25789337
電子信箱：hkcite@biznetvigator.com
新馬發行所　城邦（馬新）出版集團
Cite（M）Sdn. Bhd.（458372U）
41, Jalan Radin Anum, Bandar Baru Seri Petaling,
57000 Kuala Lumpur, Malaysia.
電話：＋6(03)-90563833　傳真：＋6(03)-90576622
電子信箱：services@cite.my

一版一刷　2025年7月

城邦讀書花園
www.cite.com.tw

ISBN 978-626-315-661-6（紙本書）
ISBN 978-626-315-658-6（EPUB）

售價：NT$ 380
（本書如有缺頁、破損、倒裝，請寄回更換）
Cet ouvrage, puplié dans le cadre du Programme d'Aide à la Publication《Hu Pinching》, bénéficie du soutien du Bureau Français de Taipei.
本書獲法國在台協會《胡品清出版補助計劃》支持出版。

前言

「只有兩種戰爭是正義的：一種是為了擊退來襲的敵人，一種是為了解救遇襲的盟友。」

孟德斯鳩，《波斯人信札》，第九十六封，烏斯貝克致雷迪

靜水無波最是險惡。沿著尼羅河，魚類、爬蟲類與鳥類每天都見證著非洲兩種最具代表性的動物之間千年不歇的爭鬥。河馬與鱷魚彼此掂量、相互恫嚇，想占據最佳位置，也就是水流最和緩的河段作為歇息之地。沒有洶湧湍急的河水，坡度平緩的堤岸讓河馬每晚能由此踏上陸地尋找食物，白天鱷魚則會在此躺著做日

光浴，暖和身子。或許共用這片空間可以成為慣例，可惜現實不是如此。河馬（*Hippopotamus amphibius*）是性情易怒、難以預測且攻擊性非常強的動物。表面上看起來笨重遲緩，面對危險時，牠們的防禦行為不是逃跑，而是攻擊，若是太靠近河馬，牠們也會立刻開始攻擊對方。河馬被稱作非洲大陸最危險的動物，可不是浪得虛名。

河馬和尼羅鱷（*Crocodylus niloticus*）的競爭並非勢均力敵。這一點鱷魚心知肚明，也會避免招惹河中霸王的怒火之雷。彼此閃避讓這兩種生物能和平共處，但這種和平只是一時。什麼因素會導致河馬這樣的植食性動物做出挑釁好鬥的行為？空間不足、爭奪最受歡迎的棲地當然都是原因，但對於可能出現掠食者那深埋的原始恐懼也是其中之一。攻擊依然是河馬最佳的防禦之道。因為假如成年河馬不採取任何行動，很可能會讓小河馬輕易成為那隻蜥形綱動物的獵物。假如一隻鱷魚闖進一群河馬中，群起猛攻的結果往往導致入侵者一命嗚呼，被眾河馬生著獠牙的強壯上下顎給碎屍萬段。在一份一九九三年發表的研究中，生物學家克里斯多夫·柯福容（Christopher Kofron）強調河馬和鱷魚之間的互動大多發生在乾季，此時水源開始不足，兩種生物必須分享僅存的靜水區[1]。不過河水也無法澆熄河馬的敵意；鱷魚躺著曬太陽的時候，河馬會把牠們一路趕到河岸高處。河馬會把牠們從休息之處趕走，經常逼牠們換位置。河中之馬乃是河水與堤岸的主人，在此遂行其律法。

掠食不是戰爭

在大自然中，各種動物之間的關係往往充滿暴力，而且可想而知，獵物與牠們的掠食者之間更是如此。掠食行為本質上就是殘暴的。能夠運用集體狩獵策略的社會性動物如獅子、狼和虎鯨，牠們的獵捕行為很容易讓人覺得像在打仗。然而，不論是一個個體（掠食者）對另一個個體（獵物）進行捕食，還是有千百個個體參與其中，好比昆蟲的獵捕，掠食都只是一種覓食行為。即使伴隨著精巧的狩獵策略，它依然是一種幾乎可說平凡無奇的食物上的關係。舉例來說，非洲一種螞蟻馬塔貝勒蟻（*Megaponera analis*）是白蟻的掠食者，牠們每次攻擊都經過事前縝密的協調。偵察兵們鎖定目標的白蟻穴後，其他螞蟻才會發動襲擊——因此這些螞蟻就稱為兵蟻。雖然用來描述這些螞蟻及其策略的語彙都借用自戰爭用語，但這些集體行動不過是一些掠食行為罷了。

在動物界，攻擊性行為隨處可見，導致人們很容易認為那是大自然的本質，只有人類不是如此。伏爾泰在其哲學字典中便如此寫道：「所有動物皆恆常處於戰爭之中；每種動物生來就注定要吞噬另一種。即使是綿羊與鴿子，也不免在不知不覺中吞下大量動物。同一物種的雄性為了雌性而開戰，就和墨涅拉俄斯（Ménélas）與帕里斯（Pâris）一樣。空中、陸上、水中，都是你死我活的戰場。上帝既將理性給了人類，這理性必會提醒人類切勿自甘墮落，淪落至模仿動物，何況自然並未給予他們用來殺害同類的武器，也未給予他們想吸取同類血液的本能。」[2]

但這位哲學家話說得有點快了。在其筆下，動物被貶為戰爭機器，無法抗拒牠們注定凶殘的本能。牠們是嗜血的野獸，無法受到控制。幸好真相並非如此鐵板一塊。大自然中的各種攻擊與死亡並非皆可一概而論。羚羊死於獅子的尖牙下，山雀死於雀鷹的利爪下，這些皆屬於單純的掠食行為。

那麼戰爭與掠食究竟該如何區分？相對於掠食，戰爭的定義是一群個體基於獲得食物以外的原因，針對另一群體或幾個個體發動的攻擊。動物間起衝突的原因很多，大部分是為了保護或擴張領域，較少為了獲取食物來源、性伴侶或者提高自己的社會位階。衝突可能會發生在同一種動物之間，通常都是如此，但也會發生在不同物種之間。此外，戰爭指的是一種集體行為，不包含兩個個體之間為了保衛領域或資源所滋生的衝突與爭執，亦即獨居動物常發生的狀況。

假如我們想為戰爭這個概念下一個定義，重讀卡爾・馮・克勞塞維茨（Carl von Clausewitz，一七八〇－一八三一年）頗有助益[3]。從社會科學、政治科學到哲學，這位將軍兼著名軍事理論家的名言「戰爭不過是政治的另一種延續」已被許多不同學科反覆探討與分析。不過這句話中有一些模糊之處，因此產生多種解讀[4]。戰爭可能如馮・克勞塞維茨所言，是達成政治目的的一種簡單的方法或工具。若採取更理性的說法，或許可以將戰爭簡單定義為兩群個體之間的激烈衝突，是一種規模較大的對決。但既然這個概念的內涵似乎和人類歷史密不可分，我們真的可以說動物之間有戰爭嗎？從哺乳類動物到細菌甚至昆蟲，戰爭這個概念可以適用於所有社會組織型態嗎？

戰爭是一種泯滅人性的行為？

人類很喜歡在自己和人類以外的動物界之間設下許許多多界線。雖然很多研究已經針對智力、語言與文化進行比較，得出所謂人類獨特性純屬幻想的結論[5]，但關心人類各項行為最黑暗那一面的人似乎就少得多了。然而，戰爭這種現象是否同樣存在於所有動物社會中，仍是一個非常值得了解的問題。在人類歷史上，似乎從未有任何一個文明能擺脫戰爭的宿命。基於不同原因，所有文明都曾陷於戰事，或者面臨衝突的威脅，可能是關於領土、經濟或宗教方面的衝突，有時甚至三者兼具。戰爭在智人（*Homo sapiens*）的開拓史中如此頻繁，使得它的反面，也就是和平，顯得如此罕見。讓我們借用霍布斯（Thomas Hobbes）的話：「戰爭狀態的內涵並不僅在於暴力行動，也是各個群體展露其對抗意志的一段時空。暴力是一時的，風險卻永遠存在，除非能夠確保沒有此一可能。」[6]

按照這個說法，戰爭——或者說戰爭狀態更為準確——是人類社會的常態。這個論點帶來一個敏感但尚無定論的問題：人類是生性好戰，還是生性和平，偶爾爆發的集體暴力則應歸咎於某些「退化」的人？看到戰爭衝突中的種種殘酷無情，我們很容易認為這些駭人聽聞的事應該是某些不正常的狂人所為，也就是說他們根本已經泯滅人性，這樣一來就可以不把戰爭歸為人類本質的一部分。不過，我們不是說這些行為泯滅人性嗎？那麼我們有可能打一場符合人性的戰爭嗎？這種人道戰爭的概念是「確立野蠻行為界線」的《日內瓦公約》[1]所提倡的，但每一場恐怖與殘忍的戰爭都與之背道而馳，彷彿人類沒有能力控制這些集體暴力行為。

1 一九四九的《日內瓦公約》及附加議定書是一批國際條約，當中包含限制戰爭中野蠻行為的主要規範。這些條約保護沒有參加敵對行為的人（平民、醫護人員或人道組織成員）以及不再參與戰鬥的人（傷病及遭遇船難的士兵、戰俘）。參見 http://www.icrc.org

這時候看看自然界其他社會性動物會怎麼做，會讓人覺得更有意思。對這些動物來說，戰爭是一種中間穿插著短暫和平時期的常態，還是一種例外？它是平均分布在整個動物界，還是幾類動物特有的行為，好比特別存在於人類所屬的靈長類中？是否因為如此，所以戰爭專屬於人科（hominidé），專屬於他們的先祖與子孫，屬於這條智力高到足以自我組織、設想計謀、專為困住或消滅被認定為敵人的群體而製造武器的血脈？事實上，最早證明動物界存在戰爭的證據來自對黑猩猩（*Pan troglodytes*）的研究。現代靈長類動物學是在亞洲和非洲以同一套技術同時發展起來的，亦即盡可能近距離觀察個體，融入猿猴的群體中直到彷彿變成透明人，以便深入牠們最私密的生活。田野裡的靈長類動物學家是一群帶有特定目的的窺視者。珍・古德（Jane Goodall）自一九六〇年代以來在黑猩猩社會組織方面的發現充滿童話色彩，尤其是那些黑猩猩母親對牠們子女的關心、愛護與奉獻。雖然這類組織中同樣存在一定程度的攻擊性，以確保不同群體之間的階層關係，但似乎永遠不會超出一定限度，只有在維護社群的團結時才能發動，而且絕對不會導致對手死亡。

珍．古德的創傷

這幅寧靜的田園景象在一九七四年初被打破了，因為發生了一起相當殘暴的事件，過去曾屬於同一部族成員的北方黑猩猩和南方黑猩猩陷入對立狀態[7]。六隻公的北方黑猩猩集體驅趕一隻被珍．古德命名為戈迪（Godi）的年幼公南方黑猩猩。六打一的下場可想而知，但慣例上這類紛爭最後會以輸家的臣服收場，肢體衝突的強度便會減弱下來，而當天的發展卻非如此。研究者們目瞪口呆，親眼目睹一樁殘忍至極的暴力事件在一根煙的時間內上演。幾隻黑猩猩拉住小戈迪的雙臂，一隻則坐在戈迪的頭上，按住牠的雙腿，讓牠不能動彈，最年長的公黑猩猩狠狠咬牠的身體無數次，直到牠一動也不動，氣絕身亡。這場攻擊歷時十分鐘，而這十分鐘將永遠改變靈長類動物學家對我們這些近親的看法。

此一事件便是珍．古德後來稱為「岡貝四年戰爭」（guerre de quatre ans de

Gombe）[2]的開端（我們稍後會再談及）。在此之前，這位動物行為學家與助手們一向認為這是人類專屬的行為。談到這裡，我們有必要探討一下戰爭的多種型態與團體生活中導致戰爭的可能根源。

戰爭的多種型態

在動物界中，許多物種都過群居生活，但各有各的一套。比較一群沙丁魚、一群企鵝、一個螞蟻窩和一群倭黑猩猩，牠們的集體生活樣態都不相同，不論從時間或空間來看都是如此。有些動物一生都過著群居生活，好比大型猿猴。有些動物會在某段時間選擇過集體生活，主要是在繁殖期的時候。從許多種在族群中繁殖的海鳥身上都可以觀察到這個現象。

在演化的過程中，群居生活受青睞的原因在於個體能因此獲得一些好處。舉例來說，這種策略讓動物面對掠食者的威脅時能得到更妥善的保護。群體愈大，個別動物被抓走的機會便愈小，這就是「稀釋效應」，而且當一群動物四處逃竄，掠食者也比較難專注在單一獵物身上，這就是「混淆效應」。這套策略也讓動物更能保護自己的領域，防止潛在的競爭者侵犯；如果自然資源並不會一直出現在固定地方、也難以預測，那還能幫助牠們更有效率找尋和利用這些資源。反之，群居生活可能為個體帶來一些不利之處與負擔。團體生活會使最佳棲地、食物和性伴侶的競爭更加激烈，也更容易造成寄生蟲與疾病的傳播，增加通姦、以同類為食、殺害幼兒等危險；最後，群體成員之間也更容易發生衝突。

由此可知，了解過集體生活的動物為何會發動戰爭或出現集體攻擊行為，有助我們探索人類發生衝突的原因。就如我們經常遇到的情況，單純的一個語詞——戰爭——包含著各式各樣天差地別的集體對抗型態。因此我們應該試著一一列出，因為並非所有群居動物的戰爭型態都相同[8]。

最簡單的戰爭就是不同社群的成員在無人指揮的狀況下相互做出攻擊行為。所

2譯註：英文稱為「Gombe Chimpanzee War」或「Four-Year War」。

謂攻擊行為可能是儀式性質的示威，也可能是造成死傷的短兵相接。戰爭通常指的是一個群體的成員串聯起來或組織某些行動，以對抗另一個同物種或不同物種的群體。

集體攻擊行為是由一群個體對另一群個體或某個單獨的個體所為，目的是想威脅、攻擊對方的身體或使對方受傷，意圖致對方於死則比較少見。

突襲（raid）指的是攻擊者進入另一個群體的領域，出其不意發動攻擊。攻擊者的數量一般會比目標多，並仔細選擇最理想的時機出動。

埋伏（embuscade）和突襲十分相似，但埋伏時，攻擊者會身處埋伏的地點，並事先為目標準備好陷阱。

雖然暴力行動是戰爭的標誌，但那只是一個或好幾個群體的所有成員整體緊繃到最高點時做出的表現，而霍布斯的想法也是如此[9]。因此戰爭狀態既是付諸行動的攻擊，也意謂長期存在衝突的可能性，這就讓個體不得不設想未來遭受攻擊的可能並預做準備。

天生暴力？

很奇怪，相較於探討人類戰爭的研究和著作，鮮少有人討論動物界戰爭的起源。在思考動物以及某些人認為反映在動物身上的生物原始生活型態時，人們似乎不約而同將動物視為天生暴力的有機體，無法控制其與生俱來的攻擊性。因此人們傾向把動物界的戰爭解釋為只是這些有機體為了爭奪資源所導致的結果，是出於生存與繁衍之目的而必須比別的生物擁有更多資源的無可遏抑的欲望。但凡簡化思考，勢必會導致其他合適的假說遭到排除。這就是為什麼我們很需要了解考古學家和民族學家對人類原始社會中，戰爭與暴力起源的看法。我們必須上溯歷史，從距離現代人類社會的本質沒有那麼遙遠的人類群體中，找出造成衝突的原因。

為此，我們可以就人類原始社會中戰爭的根源列出一份假說清單，這樣便能和人類以外的動物相互對照。民族學家皮耶・克拉斯特（Pierre Clastres，一九三四－一九七七年）在其著作《暴力的考古學》（*Archéologie de la violence*）中列出關於原始社會中戰爭起源的三大論述並加以評論。安德烈・勒華—古翁（André Leroi-Gouhan，一九一一—一九八六年）在他寫的《姿勢與話語》（*Le Geste et la Parole*）一書中主張獵人與戰士之間存在一種自然的傳承關係，這套論述就稱為「自然主義說」。暴力可說是人類的生物學資產，是祖先留傳下來的遺產，源自人類覓食與存活的需求。為了這個目的，獵人發展出技巧、致命武器與一套文化。皮耶・克拉斯特的評論一針見血，他認為狩獵、致對方於死的行為本身便包含某種程度的暴力，所以我們不可將集體狩獵與戰爭混為一談。一群在乾草原上狩獵牛羚或羚羊的母獅並不是在和植食性動物打仗。又例如對生態學者來說，植食行為就是一種掠食行為，因為像母牛吃草也是把另一種生物當成食物，只是這種生物是草，可是我們不會說植食性動物是在對植物開戰！簡而言之，掠食不是戰爭。儘管如此，兩者還是有相似之處。不論人類也好，動物也罷，除了現代人類較晚近的發明以外，我們用來打獵和打仗的武器常常是一樣的。同樣的，屬於掠食者的動物擁有尖牙利爪等武器，但獵物並不因此就手無寸鐵。必要之時，蹄和角也能致命，並非只能用來防衛而已，就像水牛會在高草叢中鍥而不捨追趕獅子和牠們的幼獅，不致其於死不罷休。

第二種論述——所謂「經濟學家式」的論述，其核心概念是群體之間的鬥爭是為了生存。原始人類社會所處的世界十分悲慘。「野蠻人」的簡陋技術使他們無法主宰大自然。人類群體為了食物來源以及其他資源相互競爭，好比可以居住的地方。為了存活下來，人類不只要和大自然搏鬥，也要和其他人類搏鬥。因此，資源稀少很可能是群體之間及個人之間發生衝突的根源。同樣的原因落在人類以外的動物身上，也會造成同樣的暴力行為。並非所有衝突都會演變為肢體搏鬥，但就像霍布斯所說，戰爭狀態會持續存在，個體永遠都處於警戒狀態。某些領域性動物如狐獴或非洲的獴科動物會有哨兵，負責每天看守邊界以防止入侵並避免發生衝突，這就是個最好的例子。爭奪資源這個重要因素形塑了共同體的基本架構。別忘了生態學包含些許自然經濟學的成分，而且達爾文的研究深受馬爾薩斯（Thomas Malthus）啟發，他調整了馬爾薩斯的觀點之後提出自己的演化論：資源匱乏導致競爭，而競爭是影響天擇的重要因素。

然而，這種把原始社會和那個匱乏的世界想成生靈塗炭的觀點其實只有薄弱的事實基礎。以人類來說，地球上當然有一些地區特別不宜人居，但一般而言那些地方不會有人或極少有人居住。我們的祖先並不比我們蠢笨，他們懂得避開那些鳥不生蛋的地方。此外，在一些環境特別艱困的土地上，群體之間以及內部成員之間的合作往往顯得更加緊密，因為合作比對抗更加有利，雖然這不會成為唯一的準則。不過領域性動物群體之間的資源不平衡，一如各群體內個體之間的不平等，都是促使衝突發生並導致戰爭狀態成為常態的條件。

最後，第三種論述將戰爭視為商業交易的副產品，可追溯至李維史陀（Claude Lévi-Strauss，一九〇八－二〇〇九年）的民族學與人類學研究。當人們在相對融洽的狀況下進行買賣，彼此的關係是和平的，除非交易不順利，否則不會發生戰爭。另一種類似的觀點傾向將買賣視為另一種解決衝突的途徑。這種說法在人類社會當然說得通，可是在動物社會中並沒有商品交易的概念。

至於衝突的肇因也是五花八門。一想到戰爭，大家馬上會想到是為了保護領域而奮戰。這是人類打仗的頭號原因，而在動物界同樣十分常見。

不過，第二種重要衝突類型與同一物種的成員獲得繁殖伴侶的機會有關。驅使動物獲取新領域的動力除了尋求食物資源以外，尋求繁殖下一代的機會也是原因之一。在動物之間，性的戰爭可能會演變到無法想像的地步，甚至有可能發生跨物種的性侵。

最後，人類以外的動物特有的衝突類型便是保衛棲地，或是在群體內組成聯盟來摧毀敵人。各位在本書中會認識到個體是如何又為何要在團體內部互相對抗，了解到動物也會發生內戰，而且就像人類一樣，暴君也會被人民趕走。我也想談談一些鮮少有人討論的現象，亦即社會排除、汙名化和排擠，這些行為使某些個體遭自己的部族所排斥。

不過戰爭並非一種宿命。許多種動物都有各式各樣避免衝突發生或降低其影響力的機制。很多靈長類都懂得講和，秩序與位階關係也是有效控制個體強烈情緒的方法之一。人類以外的動物同樣發覺戰爭或許不是最佳，總之不是唯一能解決社會矛盾的方法。

第一章　為領域而戰

戰場在法國阿爾卑斯山區，距離義大利邊境不遠處，被一架固定在樹上的密錄器記錄下來。從影片中可以看到一匹狼在地上撒了好幾次尿，再用後足大力刨抓地面，這樣就能利用腳掌肉墊間的腺體將自己的氣味留下。兩天之後在同一地點，同一匹狼又做出相同的行為。對這匹狼和牠的同類來說，用尿液、糞便和刨抓地面來劃定自己的領域範圍是一件極其重要的事。牠們也用嚎叫來警告正在附近追捕獵物的其他狼，表明這塊區域已經有主人，最好不要貿然闖入，以免遭到還擊。

野生動物的領域通常不大，牠們會以近乎儀式性的方式在自己的領域中移動，就像我們養的貓、狗一樣，每天早晨的例行任務之一就是把整個家巡一遍。這種行為的目的是利用聲音、視覺或氣味記號，讓同類不會出現在某塊地理區域中，但必要時也可以藉由攻擊對方達成目的[1]。為了守護自己的城池不讓外人入侵，動物會依據威脅的嚴重性做出不同程度的反應。沿著邊界做記號主要是為了警告，非到不得已的時候才會做出攻擊性行為，好比需要擊退入侵者，或更糟糕的情況是遇上附近的群體試圖奪取一部分、甚至整個領域的時候。事關重大，因為能控制一塊地理區域，才能確保重要資源不為他人享有，比方說食物、適合繁殖的地點和安全的掩蔽處。但保護領域既耗時又費力，搏鬥也很容易受傷。因此只有在保護領域為個體帶來的好處大過成本時，領域性才會勝出。

霍布斯所謂戰爭狀態的概念，強調的是我們不該只把戰爭視為群體間的暴力行為而已，而應將其理解為一種持續的緊張狀態，在此狀態下，領域遭受侵犯的危險使我們不得不用盡一切手段保護它。就這點來說，不管是人類或人類以外的動物，一旦決定採取領域性行為，大家的反應都十分相似。換句話說，一匹狼就跟一個人一樣會認為保護財產權是正當的。但是在沒有危險的時候，不管動物還是人類都會放鬆戒心。此外，我們也很常看到領域性動物在四周完全嗅不到危險氣息時便停止在邊界做記號，或是只做最小限度的記號。能省則省。但是每隻動物還是可能隨時有必要便站起來保衛家園，或是在實力勝過對方時進犯牠們的鄰居，這就是為什麼人類和動物的首領不只必須懂得鼓勵他們領導的團體發動攻擊，也要鼓勵他們防守。

「黑猩猩模式」的領域之戰

黑猩猩也會做出殺害鄰近群體成員的行為，這項一九七四年的發現[1]以及牠們與人類攻擊行為驚人的相似之處催生出戰爭的「黑猩猩模式」一說。這套說法主張，不同群體的個體之間的謀殺行為可能是一種考量部族成員利益之下的適應策

1 這種行為並非群居動物所獨有：許多所謂「獨居」的動物也有其領域，不過此處以及本書接下來所討論的都是生活在群體中的動物。

略。在潮濕的非洲森林裡，黑猩猩群體為領域和資源相互競爭，而資源也包括食物和雌性。攻擊行為都是雄性發動的，這令人困惑的特點不免使人聯想到人類男性的攻擊性……此外，這些攻擊行為並非毫無章法，而是依據一些規則和條件而定，而這些規則和條件會形塑一些經過仔細思考的策略。也就是說，這些暴力行為不是隨意為之，但也不是擺好陣式的會戰。雄性總會趁自己有數量優勢的時候去攻擊鄰近群體的成員。牠們只會在實力強弱不對等的情形下發動攻擊，好比一個遠離自己群體的雄性面對一幫外人，處於弱勢的時候。在這種情形下，攻擊方比較不容易受傷，也可以確保出征會成功。長期來看，攻擊方的目標是提高自身的數量優勢與未來對戰時打敗對方的能力，讓勢力的天秤朝自己傾斜。

為了掌握這種現象的影響範圍並了解攻擊者的策略，我們有必要重新檢視珍．古德最初的描述。她對她所命名的「岡貝四年戰爭」描述得十分詳盡，但事實上只包含她所觀察到的攻擊行為發生的那段期間。這場衝突後來演變為岡貝國家公園南北兩群黑猩猩的對抗。雖然第一樁攻擊致死事件，亦即前言中所述小公猩猩戈迪遭受攻擊一事記錄於一九七四年，但衝突其實始於一九七一年麥克（Mike）統治終結之時；牠是卡薩凱拉（Kasekela）部族最強的雄性。這群黑猩猩失去團體中位階上的權威後進入一段不穩定時期，並引發黑猩猩群的分裂。由於缺乏自然產生的權威，由六隻成年黑猩猩組成的團體，包含休（Hugh）和查理（Charlie）兩兄弟、老哥利亞（Goliath）、三隻母黑猩猩和她們的孩子（其中之一為戈迪），遷移至那一區的南方，形成卡哈瑪（Kahama）這個群體。該部族其餘的黑猩猩則據有那片領域的北方。才過沒多久，兩個群體的互動便不再友好。雖然還沒有發展為肢體攻擊，但兩個部族的成員經常沿著一條隱形的邊界彼此嚇阻、警戒。直接展示力量的行為通常是最年輕的公黑猩猩所為，好比休和查理，牠們頻繁跨入北方的領域以宣示自己的地位。除了年輕雄性以外，較年長的成年黑猩猩，如北方的麥克和羅道夫（Rodolf）與南方的哥利亞依然會彼此交流，雖然最年輕的個體打算大打一架的態勢使這些友好時光充滿不穩定的氣息。小戈迪的死代表南方群體的悲慘命運已成定數。離開時數量本就不多，又因戈迪的死再少一員，誰也救不了牠們了。第二名受害者是一隻名叫戴（Dé）的小公黑猩猩。牠被三隻公的和一隻母的組成的團體毆打超過二十分鐘，在這次攻擊過了一個月之後消失了蹤影，顯然是因傷而死了。第三次攻擊是針對老哥利亞而來。這次行動是由五隻成年公黑猩猩所組織，極度殘忍，加上對象是曾經和這些攻擊者一起生活的個體，又與珍．古德十分親近（牠是珍．古德剛開始探險時第二隻允許她接近的黑猩猩），這些因素使研究者們深感不安。似乎沒有力量能阻止牠們的瘋狂謀殺了。這是一個部族意欲消滅一個分裂出去的群體而發起的滅絕戰爭。南方群體中只剩下三隻成年公黑猩猩，接下來還有查理，休則消失了，沒有人知道牠是中了埋伏還是自己逃走了，南方部族正在凋零。在這次衝突中，卡薩凱拉群體的公黑猩猩將卡哈瑪群體的公黑猩猩全部消滅，並將牠們的領域據為己有。卡哈瑪群體的母黑猩猩也未能倖免於難，其中兩隻死亡，包括碧夫人（madame Bee），即一隻年長的母黑猩猩，牠的一隻手臂在小兒痲痺症大流行後殘廢了，另外還有三隻母黑猩猩遭擄走。研究者們觀察到的攻擊行為遠非單純部族內部的相互爭鬥。這些黑猩猩不是為了建立一套上下位階而攻擊，而是非致對方於死不可。當這些猿猴決定攻擊並入侵敵人的領域，牠們會一個接一個，靜悄悄前進，好讓別的群體的猿猴措手不及。牠們並非偶然遇到對方，而是經過思考後利用哨兵和多個行動小組發動有組織的攻擊。和我們想像中與世無爭的靈長類不同，黑猩猩就像牠們的近親人類一樣，是一群有效率的殺手。

岡貝這兩群黑猩猩的狀況或許是特例，反映出一個部族沒有雄性領導者時會陷入何種境地。在非洲其他地區的研究團隊得到的研究成果同樣證實珍・古德的觀察是正確的。黑猩猩群體之間似乎恆常處於戰爭狀態。密西根大學的約翰・彌塔尼（John Mitani）以及耶魯大學的大衛・華茲（David Watts）和阿肯色斯大學的席薇亞・阿姆絲勒（Sylvia Amsler）在他們二〇一〇年的文章裡也講述了相同的故事[2]。他們花了十年追蹤烏干達基巴萊國家公園（Kibale National Park）裡的努迦（Ngogo）黑猩猩群。這個群體至少有一百五十隻個體，是該區域最強大的部族，常常藉數量優勢擴大領域。十年間，牠們的領域增加了22%，付出代價的則是附近的族群，在戰鬥中喪命的有二十一隻。理查・朗漢（Richard W. Wrangham）及研究夥伴在二〇〇六年一篇評論性文章中提及非洲許多地區曾發生過類似事件[3]。克里斯多福．伯施（Christophe Boesch）是德國萊比錫馬克斯普朗克演化人類學研究所靈長類部的主任，也是黑猩猩專家，他特別指出在加彭（Gabon）[4]或象牙海岸塔伊（Tai）國家公園[5]裡一些不習慣人類出現的群體中，會出現公黑猩猩聯手致人於死的情形。在烏干達的卡林祖（Kalinzu）森林裡[6]，在剛果共和國的孔庫亞蒂－杜利國家公園（Conkouati-Douli National Park）裡[7]，都曾發生野生黑猩猩與因保育計畫野放的個體相遇而致死的狀況。據研究者估算，在人類不干涉的狀況下，野放的公黑猩猩死亡比率為40至50％。他們得出結論：應該避免將公黑猩猩野放至會有野生黑猩猩活動的區域，因為那可能會導致牠們被同類攻擊乃至死亡。我們可以很清楚看到，黑猩猩的暴力行為並不是單一現象，而是相當普遍的傾向。為了保護領域，這些猿猴會組成巡邏隊、在邊界巡檢、常常對附近的動物吼叫以宣示地位，還會反覆發動閃電突襲，而做這些事時都會仰仗數量優勢來削弱鄰近群體的勢力，直到將其完全消滅為止。黑猩猩的行為舉止令我們吃驚也令我們警醒，不只因為其粗暴，也因為和人類的反應極其相似[8]。因為珍・古德的發現，動物界的「戰爭」不再是個禁忌話題，而成為一個研究課題。

動物游擊隊

直到一九八〇年代末之前，除了黑猩猩以外，關於動物界攻擊致死行為的紀錄僅限於寥寥幾種肉食動物如狼、獅子，不然就是鬣狗。研究者將牠們的行為界定為「幫派」針對群體中被孤立的個體所為的突襲或埋伏行動。自從對許多靈長類動物展開長期研究計畫之後，我們便有機會看到對其他類似情形的描述。黑冠獼猴（*Macaca nigra*）是印尼蘇拉威西島上幾種獼猴中的一種，生活在由許多母猴、數量略少一些的成年公猴和牠們的後代組成的群體中，這些關係緊密的小單位會一起移動。與黑猩猩不同，黑冠獼猴並不是領域性動物。不同群體的活動範圍（domaine vital），亦即個體的覓食、休息和繁殖活動會利用到的範圍是彼此重疊的。因此不同群體之間經常相遇，一週好幾次，可是個體會利用不同的身體姿態避免衝突發生。無獨有偶，在這類互動過程中，公黑冠獮猴的攻擊性也是比較強的，目的自然是為了保護母猴，但母猴必要時也會一起對抗。在二〇二一年發表的研究中，勞拉・馬丁尼茲─伊尼戈（Laura Martínez-Íñigo）訴說在十三年的追蹤期間內發生的二十五次幫派攻擊[9]。其中四分之三的情形是一名受害者對上平均五名加害者，除非被攻擊的目標是帶著尚未斷奶的獮猴寶寶的母猴。這些受害者中有六隻遭到攻擊後身亡，包含四隻獮猴寶寶和兩隻成年母猴。這些研究成果支持實力落差的假說，亦即當數量優勢使攻擊者實際上不會付出任何代價，此時便比較容易發生幫派攻擊。研究者也記錄到山地大猩猩（gorille des montagnes）[10]、戴安娜猴（cercopithèque diane）[11]或賽克司猴（singe samango；Sykes' monkey）[12]曾發生群體間的集體死亡攻擊。簡而言之，非常多靈長類都會使用這種策略。

狐獴的儀式性戰爭

在大自然中很難見到有組織且儀式化的衝突，亦即軍隊之間會先相互評估戰力，整隊之後再發動可能導致戰士大量受傷、其中一些甚至會死亡的會戰。對許多動物而言，突襲是沒有用的。狐獴（*Suricata suricatta*）就是如此。遇上狐獴，攻擊者若是想出奇不意出現或無聲無息經過牠們身邊，那幾乎是不可能的任務。首先，因為這些矮小的肉食性哺乳類動物活動的地區是西非納米比亞和喀拉哈里的半沙漠區，其棲地非常開闊。其次是因為那批知名的哨兵，亦即高高站在樹上或岩石高處的狐獴們會以後足站立，時時刻刻監看著掠食者和敵人的動靜。密不透風的防衛組織、「獴」海戰術、群體動員以及個體的彼此協調合作，構成了化解衝突的關鍵要素。狐獴屬於社會性動物，每二十幾隻狐獴會形成一個團體，以一對負責這個群體繁殖大業的領導者伴侶為中心。共同合作以保護部族是存續下去的關鍵要素。為此，從牠們所在的高臺上，哨兵們輪班監視可能出現的掠食者，包括戰鵰或草原鵰、蛇類和貓科動物，此外牠們也防備著鄰近群體的入侵。食物資源愈是豐沛的地區，愈是大家覬覦的目標。因此不管多麼曠日廢時，保持警戒都是極其重要的工作。狐獴中甚至有超級哨兵的存在，牠們比起其他的狐獴投入更多時間在這項任務上[13]。奇妙的是，這些超級哨兵也是營養最好的個體。學者認為，這些待遇特殊的狐獴尋找和捕捉獵物的效率最好。由於牠們花在覓食的時間較少，因此可以貢獻更多時間和精力在警戒工作上。

一九九三年，「喀拉哈里狐獴計畫」（Kalahari Meerkat Project）[14]成立，在劍橋大學與喀拉哈里研究中心（Centre de recherche de Kalahari）的提姆·柯勒頓—布洛克（Tim Clutton-Brock）教授領導下，對不同狐獴群體展開長期追蹤。二〇一九年，一項歷時十年的研究中仔細描述了一連串事件如何導致肢體衝突的發生[15]。

當兩個群體相遇時，觀察者記錄到一連串標準化的行為。首先，當部族注意到有一群外來者出現在牠們的領域裡，或是非常靠近邊界，個體便會集合起來、迅速朝敵人前進。為了更清楚展現其戰鬥意志，狐獴會做出被研究者稱為「戰舞」的行為。在接近外來者的時候，牠們會站起身來，輕輕跳躍，尾巴朝天空伸直，毛髮豎直，好讓自己看起來更龐大也更嚇人。劍拔弩張到如此程度，要不是入侵者撤退（超過86％的情形如此），就是展開肢體對抗。對戰平均持續二十多分鐘，不分雄雌，群體中幾乎所有成年者都會投入，甚至小狐獴也會參與。少數衝突會發展為肢體攻擊，其中3%的情形會出現死者，最常遭殃的是小狐獴。對戰的結果當然有利於數量較多的那個群體。例外狀況：除非群體中的未成年個體非常多，集體自我保護的動力便會激增。不過，沒有發生肢體衝突不代表就沒有損害。弱小的群體如果沒有戰鬥便撤退，可能會痛失一大塊領域。

縞獴是戰士，也不只是戰士

縞獴（*Mungos mungo*）天性好鬥。這些小型哺乳類動物生活在彼此緊密合作的團體裡，成員在十到三十隻之間，為了取得食物，牠們和鄰居恆常處於競爭狀態。原因很簡單，既然40到81%的領域範圍可能由好幾個部族共享，當然就會發生衝突。幾乎每次遇到其他縞獴時，牠們都會打上一場。當有一名成員發現敵群的身影時，其他成員就會做出反應，牠們會立刻進入警戒狀態，發出一種被稱為「戰嚎」的特定叫聲，然後開始跳「戰舞」，以此確保敵人不會誤會牠們意思。縞獴之間的戰鬥非常激烈。牠們會追著對方咬，造成大量死亡，大半成員也會因此負傷。有些縞獴小組也會對對手的洞穴發動突襲，想殺害牠們的寶寶。這種難以想像的暴力行為令人想進一步探究。

社會行為的演化是英國艾塞克斯大學的重要研究課題。包括菲耶．湯普生（Faye Thompson）、魯佛斯．約翰史東（Rufus Johnstone）和邁克．肯特（Michael Cant）在內的眾多學者都是縞獴專家。十六年來，他們持續觀察烏干達的縞獴族群，而他們在二〇一七年[16]和二〇二〇年[17]發表的結論讓人對這些小型哺乳類動物發動戰爭的動機有了新的認識。具體而言，學者發現有些個體會趁著兵荒馬亂，在一片混戰中趁機和敵人交配。在一團難分彼此的獴群中，幾隻公縞獴和對方的母縞獴配成對了。有一種理論性解釋認為，在一些社會性動物的群體中，那些自私自利的領導者會在衝突中收割好處，付出代價的則是其他成員。當支配地位導致衝突所得的利益在成員之間分配不均，可能會導致攻擊行為變得更激烈。對縞獴的觀察結果顯示，攻擊行動主要是由雌性發動。雌性這麼做換得的好處是可以在戰鬥中和群體外的雄性配對，雖然承擔衝突代價的主要就是這些雄性。

紅蘿蔔與棍棒

前面已經看到，大型群體在衝突中比較容易成為贏家。這類群體也更容易發動攻擊或對挑釁有所反應。同理，突襲時如果具數量優勢，便可確保萬無一失、閃電獲勝。不過，有些群體會出現不團結的問題，因為某些個體只要可以就會避開戰鬥。事實上，對大型群體而言，個體的參與對衝突結果並沒有那麼強的影響力。在許多物種中，這種動員的問題可以透過群體成員之間的血緣連結來克服，因為這會讓牠們維持一種緊密的互助關係。有一些其他物種會以特殊的行為來動員群體力量。這就是黑面長尾猴（*Chlorocebus pygerythrus*）採取的集體策略。從衣索比亞到南非，這種小型猿猴在整個非洲東岸都可見到，牠們的特徵是一身灰綠色散發光澤的毛皮，凸顯了牠們深色的臉龐。牠們還有一大特色，就是能適應多種不同棲地，不管是乾草原還是都市裡的湖泊，都是牠們白天就地尋找食物餬口的地方。

對黑面長尾猴來說，防衛領域猴猴有責，所以遭到入侵時，每個群體成員都應該鞠躬盡瘁才是。防衛自己的領域，主要是為了保護自己的資源並確保群體成員都有得吃。領域愈是豐饒，愈容易成為鄰近群體覬覦的對象。群體愈是團結，防衛就愈有效。問題是個體之間的合作並沒有固定模式。如果一隻黑面長尾猴生活在數十隻個體組成的群體中，而且牠們十分積極保護自己的領域，牠們的防衛策略會符合志願者兩難的理論預測[18]：會參與防衛的只有一小群猴子，而且每次未必相同。每隻黑面長尾猿隨時都可能決定要保衛領域，為共同利益而犧牲自己的時間精力，也可能決定什麼也不做，仰賴別人付出來保障集體的安全。雄性雖然比雌性體型稍微大一點，卻不是最有戰鬥意願的。原因很簡單，牠們對食物的依賴性沒有那麼高：雄性對能量的需求比較低（不需要背負幼兒也不用哺乳），而且為了過得更舒服，牠們一生中會多次更換所屬的族群。相反的，雌性一生都在牠們出生的那個群體中度過，因此對領域有根深蒂固的感情。然而，由於打勝仗的可能性繫於參戰者數量高或低於敵方兵力，雄性的參與因而至關重大。科學家觀察南非米瓦納禁獵區

（Mawana Game Reserve）的四群黑面長尾猴，對個體參與戰鬥的情形與牠們在非攻擊狀態時的行為加以分析[19]。結果顯示，在平靜的時期，雌性並非一致對待所有雄性。雌性只幫有參與戰鬥的個體理毛、讓牠們舒舒服服享受抓蝨子時間；相對的，那些棄甲而逃的會遭到攻擊。此後再發生衝突時，被呵護和被懲罰的雄性對戰鬥的投入都比被忽視的個體更多。由此可知，理毛或攻擊既是一種鼓勵戰士的手段，也是促使留在後方的個體不要留在那裡的方法。母黑面長尾猴已經懂得，如果牠們想倚靠身邊雄性的力量，就得對牠們使用紅蘿蔔和棍棒的策略！

雄性的反撲

這下我們對保衛領域的集體策略有所了解了，但發動攻擊的決策又是怎麼做的呢？向鄰近族群宣示並挑起戰爭的是誰？誰是好戰者、又如何將自己的同胞拉進生死難料的戰爭之中？藉由研究同一個黑面長尾猴群體內成員的對立關係，一項研究揭露了驚人的資料[20]：雄性會攻擊意圖挑釁鄰近族群的雌性；之後，這些被盯上的雌性對其他群體便不再那麼充滿敵意。簡單來說，雄性的行為有兩種作用，當攻擊的對象是那些打算挑起衝突的雌性時，發揮的是強制作用；當目標是彼此剛打了一場架的雌性時，則是一種懲罰作用。這套雄性邏輯可以有效防止鄰近群體相遇時一不小心就擦槍走火，通常也能澆熄已經爆發的戰火。這是第一次在非人類的靈長類身上看到懲罰的運用，而這個例子也讓我們看到在衝突中兩性的利益是相互矛盾的。

照顧自己的部下

為領域而戰並非哺乳類的專利。有一些鳥類面臨的資源競爭十分激烈，沒有誰願意將領地讓出一寸。所以鄰居之間的衝突十分頻繁，幾乎日日可見。生活在非洲撒哈拉沙漠以南的綠林戴勝（*Phoeniculus purpureus*）就是如此。深綠色帶有金屬光澤的身體上穿出菱形的紫色尾羽，這種鳥類與眾不同之處不只在其特殊的美，還包括牠們以一對具繁殖力的伴侶為中心，加上二至十隻從屬個體所組成的群居生活。這些從屬者扮演助手的角色，協助那對領導者養育牠們的子女。雌鳥會在樹洞中的窩裡用十五天孵牠那四顆蛋。群體的成員會照顧牠和牠的子女，提供牠們食物直到幼鳥獨立為止。這種社會性動物也有強烈的領域性，所有成員都會參與對抗。領域的邊界會隨著每個群體的實力強弱而浮動，領域的大小也會改變。助手數量愈多，愈容易守住自己的資源，也更容易想要擴大自己的勢力範圍。在這種處處危機的環境中，糧食資源的多寡每年都可能有很大落差，加上掠食者無所不在，成鳥死亡率達到三分之一，巢中雛鳥更高達50％。換句話說，只有一對夫妻就完了。相反的，擁有許多助手絕對是一項優勢。為了增加數量，有些夫妻會招募外來的助手以補足小小族群的成員。但是牠們也必須防止助手撒手不幹，所以好好照顧牠們是很重要的事。綠木戴勝會彼此護羽（allolissage），白話說就是一隻綠木戴勝幫另一隻護理羽毛，就像靈長類幫彼此抓蝨子一樣。此外，護羽主要是由領導的夫婦為牠們助手做的事[21]。這種特殊行為讓領導者可以幫助牠們的屬下恢復體力，換取牠們在與其他群體戰鬥時的全力相挺。這些幫手享受到雙重的好處。無人占領的地方少之又少，條件往往也不佳。既然期盼有一天能組成自己的家庭，生活在一個穩定且強大的群體中自然比較好。因此過集體生活、共同保衛一塊令他人垂涎的領域、在繁殖者的位置空出來之前扮演輔助者的角色，比起挑戰在一塊貧瘠的無主之地上活下來要有利得多。

失敗的滋味

一個群體打輸之後會發生什麼事？在資源受限的環境下，成員會變成什麼樣？雖然要辨別贏家和輸家很簡單，長期的影響卻很難掌握。以人們研究最多、認識也最深的黑猩猩來說，後果輕則只是受傷，重則被從地理區域中驅逐，甚至死亡。靈長類的社會組織型態取決於資源競爭，至少一部分是如此。因此領域之爭永遠存在，一旦有群體越過邊界，便會演變為肢體衝突。如果要完整了解失敗的面貌，就必須標記並追蹤個體、了解牠們的遷移情形、評估牠們的健康狀況與未來繁殖的狀況。這些事說來簡單，做來不易……

二〇〇四年十一月至二〇〇五年四月間，美國人類學家瑪嘉烈・克羅馥（Margaret Crofoot）在巴拿馬一座森林中追蹤六組捲尾猴（*Cebus capucinus*）[22]。每個部族中都有兩隻個體事先戴上了會發出訊號的項圈，以此了解牠們每日的活動量。在研究的區域內至少有二十群捲尾猴在相互爭奪資源。平均每三天就會有兩群捲尾猴相遇。研究結果顯示，在對戰中敗北的部族當天移動的距離會比牠們打贏的日子多上五百公尺。因為必須增加這麼多移動距離，牠們的行動會加快，更少停下來，晚上也活動到更晚。牠們會加速逃離，遠離戰場。因此失敗會導致群體改變利用森林的習慣，改變睡覺地點的機率也變高。失敗使牠們不得不放棄較喜歡的覓食地點，轉向其他較不中意的選項。就像壓力大的人會出現的行為那樣，牠們鮮少停下腳步，會頻繁更換進食和休息的地點。這些行為證明失敗的群體耗費更多精力在長程移動上。這對繁殖會產生一些影響，從而影響族群的規模。

至於其他動物，有些非洲的犬科動物，好比非洲野犬（lycaon）[23]會成群結隊狩獵，鄰近群體間的爭鬥便經常造成致命的結果。若有多名成員死亡，那就會減弱部族的力量。規模變小後，團體捕食的效率會變差，也無法防止獵物被鬣狗和獅子偷走。不管是哪種動物——捲尾猴、狐獴、黑猩猩、縞獴或非洲野犬——輸家的危險就是永遠無法擺脫其效應，陷入失敗的循環。由於一個群體變得弱小，鄰近群體就會變得更強大，因此難以避免的後果便形成更加難以阻擋的漩渦。由於被迫放棄較好的領域，只能到條件不佳、食物較少、較容易被掠食的地區去生活，或遲或早，那些落敗者注定要從這世界上消失。

第二章　兩性戰爭

兩性戰爭包含所有因雌性與雄性利益分歧而引發的紛爭。我們在動物社會中發現的殺嬰行為便是一個典型案例。但兩性戰爭不只這一種型態。

一般人對動物界的性脅迫鮮少有所認識。性脅迫（coercition sexuelle）一詞包含一切讓某些個體（絕大多數為雄性）得以在未取得對方（通常為雌性）同意的情形下交配的行為。提姆．柯勒頓－布洛克和傑佛瑞．帕克（Geoffrey Parker）這兩位傑出的行為生態學者曾詳細描述動物社會中與性脅迫有關的三種行為[1]。第一種是威嚇，雄性對不願與牠們交配的雌性施壓或懲罰，藉此提高未來與牠們成功交配的機會。第二種是性騷擾，此時雄性試圖交配和攻擊對方的行為導致雌性承擔太多風險，因此寧願立刻交配。接下來是強暴，亦即藉由控制身體強制進行交配。雖然在自然界中，許多性脅迫行為都是單一個體對另一個體所為，但也不乏雄性集體侵犯雌性的例子。最後，大家更不願碰觸，或總而言之極少論及的，是有些物種會對其他物種施以性脅迫……

當雌性面對殺嬰行為的危險

杉山幸丸（Yukimaru Sugiyama）教授是現代靈長類學的先行者之一。一九三五年生於東京的杉山幸丸是在京都大學生態學研究中心從事研究，更具體的說，是在靈長類研究所（他曾解釋選擇猿猴而非關於水中生物的研究單位，是因為他不太喜歡游泳）。雖然靈長類學關心的是靈長類動物與人類之間相同的行為，他卻想要鑽研猿猴在自然環境中的生態。他相信日本發展的這套研究方法，亦即以研究者飼養之猿猴群體的適應狀況為基礎，僅能反映靈長類社會生活的一部分，因此他決定研究不住在人類餵食區域內的日本獼猴。他因此成為第一位觀察並分析日本獼猴群體分裂過程的學者。杉山幸丸才進入博士班第一年，就負責對印度葉猴（*Semnopithecus entellus*）這種印度次大陸上的猴子進行流行病學方面的追蹤。當時開薩努森林病（fièvre de Kyasanur）在猿猴之間肆虐，造成大量死亡。杉山幸丸一抵達印度南方的邁索爾邦，便對好幾個印度葉猴群體展開大型普查及追蹤計畫。這個決定和當時流行病學的做法不同：當時的研究只關心單一族群內部成員之間的社會關係，而不關心屬於不同群體的同種動物如何互動。印度葉猴群體通常是由一隻雄性領導者和一些從屬的公猴加上母猴和牠們的幼猴組成。也有一些沒有領域的單身雄性組成團體，四處移動尋找可以取得控制權的族群。在研究的過程中，杉山觀察到一些雄性領導者頻繁更換的群體中，會同時出現對最幼小、尚未斷奶的個體抱持強烈敵意的現象。他在一九六五年的論文中寫道[2]：「一旦公猴之間的對抗有了結果，猴群裡所有嬰孩都會被新首領咬死。像這樣的事件不只曾在本報告記錄的三十號群體中觀察到，一號群體於一九六三年三月發生社會變動時也曾出現。二號群體也是如此……」有些母猴會設法躲藏，不讓新上任的暴君找到，或是暫時逃出群體以保護牠們的嬰孩。

杉山以這段話首次描述動物社會中的殺嬰行為。他的詮釋側重於新的雄性首領想要排除最幼小的個體，以證明其實力，並擴大自己對母猴的控制力。他也記下被奪去嬰孩的母猴出現發情的跡象，然後和新首領交配。

一九七〇到八〇年代間，關於其他靈長類動物、獅子、社會性嚙齒類動物、甚至海豚也有殺嬰行為的證據愈來愈多。二〇一四年的一篇文章對劍橋大學的迪特·盧卡斯（Dieter Lucas）和法國蒙佩里耶大學的艾莉絲·余夏（Elise Huchard）所做的研究進行回顧，指出會發生殺嬰行為的物種大多會將雌性受孕的機會保留給少數雄性[3]。由於一名雄性首領能控制一個群體的時間有限，這些雄性無法等到幼兒斷奶再讓雌性懷牠們的孩子，否則恐怕後代數量不足以鞏固其統治。因此，殺掉前任雄性首領的小孩是一種既有利又有效的手段，可以節省時間並讓雌性快點生下後代。儘管如此，雌性並非就是被動的一方。好比母獅，牠們經常聯合雄性首領一起積極保護牠們的幼兒和整個獅群[4]。有些物種的雌性則採取另一種相當有效的性策略，亦即和多名雄性交配，好讓幼兒的父親是誰成為謎團。牠們會破壞相關線索，讓雄性貿然殺嬰的話有可能害到自己真正的後代！藉由增加伴侶，雌性也將雄性投入一場武器競賽之中——看誰的睪丸最大，能夠製造最多精子，更有機會在精子的競爭中勝出。靈長類的紀錄保持者是北部巨鼠狐猴（*Mirza zaza*）[5]。名字給人的印象是一回事，但牠們其實是生活在馬達加斯加安卡拉法（Ankarafa）森林中的小型樹棲狐猴。因為性濫交的緣故，牠們的配對機制十分特殊。繁殖期間，雄性與雌性可能會有好幾個伴侶。和所有已知的靈長類動物相比，雄性北部巨鼠狐猴生殖腺的尺寸大得不成比例。以人類的平均身材為基準，相當於身上長了兩個比葡萄柚還大的圓球，而且每顆還重達兩公斤！

性的威嚇

要交配就要威嚇，這可能就是豚尾狒狒（*Papio ursinus*）的座右銘。這種非洲南部的特有物種是狒狒中最強勢的一種。牠們居住在乾草原上，屬於雜食性動物，長了令人害怕的尖牙，就像所有其他近親一樣，生活在數十隻個體形成的社會群體中。這種動物的雌性會在發情期展示牠們腫脹的外陰部；這是很重要的信號，讓雄性知道牠們快要排卵了。當雌性使出這種策略的時候，雄性首領通常會看住牠們，但牠們依然有可能和其他雄性交配。這是因為單靠一隻個體很難同時管住那麼多隻雌性狒狒，畢竟在覓食活動或和敵人戰鬥時，根本不可能監視這些雌性狒狒的行動。雄性會聯合起來轉移雄性首領的注意力，有生殖力的雌性就是在這種時候遭到攻擊的。

不同於性騷擾的目的是為了讓雄性可以立刻進行繁殖行為，性威嚇只能增加未來繁殖的可能性。這種侵略性行為的下一步並不是交配。也就是說，這種侵擾不會為雄性帶來任何立即的好處，和為了立即達成交配目的的性騷擾不同。相對的，當一隻母狒狒在發情期間遭到一隻公狒狒威嚇愈多次，那隻公狒狒就愈可能成為牠未來的伴侶，並在排卵期時不讓牠離開身邊。根據土魯斯大學的愛麗絲．巴尼耶

（Alice Baniel）在二〇一七年所進行的一項研究[6]，雌性被其未來伴侶威嚇的次數平均為其他雄性的四倍。如此看來，威嚇行為與之後為攻擊者懷胎的機會之間似乎確有關聯。但是會有此結果，是否該歸因於雌性比較喜歡更具攻擊性的雄性？若真是這樣，則最具攻擊性的雄性繁殖率應該也會最高，然而事實並非如此。攻擊性的強弱並不重要，在雌性排卵前幾天所進行的攻擊才是關鍵。但這不是一條通則，而且在烏干達的基巴萊國家公園的黑猩猩身上也觀察到不同的現象[7]。累積十一年的觀察顯示，雌性黑猩猩更常主動和整個排卵期間對牠攻擊性最強的公黑猩猩交配。由此可見，靈長類的性威嚇行為比我們原本想像的更常見。人類以為這種行為十分罕見，或許只是錯誤的想像，因為證據很難取得，更難將之與社會性動物群體內出現的其他攻擊性互動區分開來。

雌蠑螈會懲罰見異思遷的雄蠑螈

在單偶制的動物中，夫妻生活並非總是一首忠誠之歌。生物學家所謂基因單偶制（monogamie génétique）指的是兩名伴侶擁有排他的性關係，而社會單偶制（monogamie sociale）是指一對伴侶一起養育可能源自多個性伴侶的後代。為防外遇，每種動物都有一套錦囊妙計。如同前面看到的，雄性可能會有看守的行為，不讓雌性遇到其他伴侶，或採取精子方面的策略，目的是讓精子負責執行阻止雌性由別的雄性處受孕的任務。讚美雄性策略的科學文獻不知幾何，論及雌性策略的卻很少。儘管如此，雖然雄性出軌造成雌性的犧牲，尤其是在對子女照顧這方面，雌性也並非從來不想辦法防止伴侶出軌。牠們當然不想放任雄性到處拈花惹草。

在北美洲東北部森林裡十分常見的紅背蠑螈（*Plethodon cinereus*）是一種單偶制而且戮力維護自己領域的動物。雖然雌性紅背蠑螈會看守雄性蠑螈並兇暴驅逐入侵者已是公認的事實，牠們對見異思遷的雄性會採取什麼行動卻依然成謎。二〇〇四年，幾位維吉尼亞大學的學者想驗證動物會以威嚇形式行使性脅迫的假說，不過要調換性別[8]。在其假設情境中，雄性會懲罰被伴侶以外對象誘惑的雌性，迫使牠們不能跟別的雄性交配。回到紅背蠑螈，既然牠們的狀況是雌性看守雄性，雌性是否也有辦法懲罰雄性，以此強迫牠們保持忠誠呢？

為了實驗，科學家曾假造幾隻雄性的外遇，目的是讓有伴侶的雌性相信牠們的另一半偷吃了，接著再比較牠們跟單身雌性的反應有何不同。這項實驗分為三個階段。科學家在野外抓到蠑螈之後，便將牠們放在一些小箱子裡度過六天的適應期，期間以蒼蠅餵食。牠們不會改變蠑螈的婚姻關係，成對的雌、雄性會放在一起，單身的則單獨居住。第二階段是讓有伴侶的雌性以為自己被背叛了。為此，牠們的另一半被放到另一個箱子裡，和一隻單身雌性蠑螈住在一起五天。不過，為了區別不忠與單純拋棄伴侶居所的效應有何不同，牠們也從有伴侶的雄性蠑螈中選擇一隻樣本，讓牠與伴侶分開單獨居住。他們另外進行了一項類似的實驗，將原本單身的雄性和一隻雌性放在一起，另一組則保持單獨生活。到了第十一天，原本有伴侶的雄性被放回原處，和牠們一開始的伴侶在一起，而單身雄性身邊則換上一隻新的雌性。此時，原本有伴侶的雌性會對牠們的另一半展現攻擊性，如果雄性之前是和別的雌性放在一起而非單獨居住，雌性的態度會更凶狠。和原本單身的雄性放在一起的雌性則不會特別對牠們展現暴力。換句話說，有伴侶的雌性紅背蠑螈會懲罰雄性蠑螈，彷彿牠們確實打算做出不忠之事。這種特殊行為只會出現在秋天，因為那是戀愛的季節；到了春天，完成繁殖之後，雄性就不會再遭受處罰了。就和許多物種的雄性一樣，雌性紅背蠑螈施以懲罰的目的是為了保障自己之於伴侶的特殊地位。

海豚飛寶好暴力

印太瓶鼻海豚（*Tursiops aduncus*）是全世界鯨豚類中最為人所知的一種。海豚相對善於適應由人類豢養的生活，拍起照來好看得不得了，又能學習複雜的事物，一下在冷戰時期擔任間諜，一下又成了電視影集《海豚飛寶》（*Flipper le dauphin*）裡的明星，一下又在海豚水族館裡為人賣命，不過牠們也是眾多科學研究的對象。牠們的認知能力、智力、體能表現以及與人類眾多（即使短暫）的交集都引發大家對海豚這種動物的各種遐想。印太瓶鼻海豚就和牠們所有的親戚一樣，對我們都很和善，不像那些同樣也生活在海洋中的鯊魚。但奇妙的海豚世界也有它不為人知的一面。海豚也可能殘暴無比，和我們心目中溫和又靈敏的形象大不相同。和靈長類一樣，雄性海豚會殺害未斷奶的小海豚，好讓雌海豚快點進入可以繁殖的狀態[9]。最好的例子莫過於一九九六年到一九九七年間，有九隻小瓶鼻海豚被人發現擱淺在維吉尼亞州海灘一事。九隻小海豚全都傷痕累累，傷口集中在頭部與胸部，肋骨多處斷裂，肺臟也有撕裂傷。這些致命的傷口和掠食所造成的並不相同，也不是因船隻碰撞或捕撈行為所致。

為了降低殺嬰的風險，海豚媽媽會離成年雄海豚遠遠的。因此在印太瓶鼻海豚的社會群體中，男女有別是基本法則。雌海豚會生活在一起，身邊帶著牠們的幼兒；雄海豚另外生活，有時甚至獨來獨往，最常見的則是二至三隻結盟形成小團體，其成員的忠誠可以維持數十年以上。雌性海豚群是由彼此有親戚關係的個體組成。這種結盟讓牠們能互相保護不受掠食者與其他海豚攻擊。雄性結盟的作用則完全不同。牠們關心的是如何獲得處於發情期的雌性。雄性數量愈多，就愈容易找到雌性，遇到其他抱著同樣目的的雄性時也更容易打贏。不過雄性結盟的作用不只如此。另一個目的是強迫雌性與之交配。從二〇〇三年十月到二〇〇六年九月，澳洲新南威爾斯州南十字星大學的克莉絲汀・安・富瑞（Christine Ann Fury）花了三年時間在克拉倫斯河（Clarence River）出海口處研究數群雄性海豚[10]。在她觀察到的眾多行為中，性脅迫行為特別令人印象深刻。具體而言，三、四隻雄海豚會圍住一隻雌海豚，陰莖勃起，試圖迫使雌海豚接受交配。這種行為發生的頻率說來相當驚人。雄性和雌性相遇時，76％的互動都屬於性脅迫。簡單來說，雄性無時無刻不在騷擾發情期的雌性，而且每次平均超過一個小時以上。為了避免這種狀況，雌性——尤其是身邊帶著稚齡幼兒的雌性——會前往深度較淺、雄性鮮少出沒的海域活動。由此看來，對雌海豚來說，海洋是一片恐懼之地，是經常得與隨時可能霸王硬上弓的雄海豚交手的舞臺……

鬣狗世界中對雌性的騷擾

馬賽馬拉自然保護區（réserve naturelle du Masai Mara）是世界上絕無僅有的地方。這片綿延不盡的稀樹草原一部分得名自馬賽人（massaï）——一群驕傲的牧人與戰士；另一部分則得名自橫越這片如今受到保護之地的馬拉河。地球上的大型陸上動物遷徙之一就發生在這裡，從南到北，每年有數十萬頭牛羚與斑馬穿越草原，從塞倫蓋提國家公園（parc national du Serengeti）一路走到馬賽馬拉國家保護區。在這裡，大自然毫不留情。由於必須跨越河川，而且不只一次，數百頭牛羚因而喪命。鱷魚和食腐動物則期待著這隊天賜糧食經過，能讓牠們大快朵頤一番。稍微深入草原之後，數千隻小牛羚將成為眾掠食者——獅子、獵豹、非洲野犬——的獵物。在世上少數還保存著遠古遺留下來的豐富物種的土地上，生態平衡的力量正在運作著。

在這些寬闊的平原上，斑點鬣狗（*Crocuta crocuta*）過著優渥的生活。牠們是斑點鬣狗屬（*Crocuta*）唯一的現生物種。這種活化石的祖先在超過一千萬年前便演化為與其他兩個物種不同的分枝，亦即棕鬣狗（*Parahyaena brunnea*）和條紋鬣狗（*Hyaena hyaena*）；牠們是低賤的掠食者，在行為上與食腐動物並無二致。行事低調的土狼（*Proteles cristata*）則像是縮小版的鬣狗，擅長吃白蟻。唯有體型最大的斑點鬣狗稱得上厲害的掠食者。牠的飲食行為很有彈性，有時當掠食者，有時當食腐動物，但如果時機剛好，偷竊寄生（cleptoparasitisme）[1]牠也做得來。簡而言之，鬣狗什麼都能吃，包括腐肉，而且從皮到骨都沒問題；這種惹人嫌惡的動物是稀樹草原上的最佳清道夫。

鬣狗的另一項特點，即牠們是動物界中群居性最強的肉食動物。斑點鬣狗的部族成員小則十幾隻，大則超過一百隻。奇怪的是，從身體外觀和行為來看，鬣狗跟犬科動物——也就是狼和狗比較接近，雖然牠們是貓科動物的近親。牠們利用極其特殊且複雜的叫聲來表明自己的身分和位階。鬣狗的社會組織在哺乳類肉食動物中獨一無二，而且和靈長類十分相似。鬣狗的部族是一種浮動的組合，成員可能會依照食物資源的多寡組成數量不一的次級團體，也可能決定單獨狩獵。每個部族中會有一個或多個由成年雌性和牠們的後代形成的家族，再加上數隻出身其他群體的雄性。位階關係構成部族的社會生活基本結構，個體的社會位階則決定牠們可以取得食物或其他資源的優先順序。在鬣狗的世界裡，領導社會的是成年雌性，牠們比雄性稍微強勢一點。雄鬣狗尊重、敬畏、也很少侵犯騷擾牠們。行為生態學者及野生哺乳類專家米凱拉．席克曼（Micaela Szykman）花費十一年時間分析部族內的雌性領袖和雄性之間的互動[11]。她將所有鬣狗依毛皮上斑點的形狀區別身分，這些斑點就像人類的數位編碼一樣獨特。相對的，要分辨牠們的性別必須仔細觀察生殖器官的型態才辨得到。這是因為母鬣狗有一項特點——也是哺乳類動物中唯一的特例——就是陰蒂的形狀長得像幾可亂真的陰莖，也能勃起，但因為尺寸較小，前端稍微比較圓，所以與雄性仍有不同。在二〇〇三年發表的研究中，席克曼列出幾起

1偷竊寄生或盜食寄生指的是動物為了填飽肚子而偷竊另一種動物捕捉到的獵物。

雄性聯手攻擊雌性的事例，其中甚至包括雌性首領，因此她試圖了解這些攻擊行為的理由。這些雄性結成的聯盟平均有三隻鬣狗，最多可達六隻。但要如何解釋這種行為呢？她的研究揭露，雄性的攻擊對象集中在進入適合繁殖時期的雌性身上。藉由騷擾雌性，雄性可以迫使牠們讓步，接受雄性反覆提出的要求，這樣也不會因為遭遇抵抗而受傷。避免被騷擾的最佳手段還是退讓，這是一條完全不符合道德理想的叢林法則。在鬣狗的世界就是如此：雄性團體愈龐大，騷擾強度就愈高，也愈容易迫使雌性接受性交。這種騷擾文化和雄海豚的行為很類似，由此看來，說不定這種文化在動物界比我們想像的更普遍……

鴨子的強暴文化

一九一〇到一九一二年間，牛津大學貝利奧爾學院（Balliol College）邀請朱利安．赫胥黎（Julian Huxley）擔任教職。出身自知名科學家與作家輩出的家庭——其祖父湯瑪斯．亨利．赫胥黎（Thomas Henri Huxley）是一位和達爾文熟識的生物學家，其父雷歐納德（Léonard）與弟弟阿道斯（Aldous）皆是名作家——，年輕的赫胥黎幾年前曾獲得同一間學院提供的動物學與鳥類學獎學金。一九一二年，就在即將啟程前往德州休士頓的萊斯大學（Rice University）之前，他發表了一篇筆記，是關於綠頭鴨（*Anas platyrhynchos*）性方面的奇怪習性[12]。文中他借用生物學家梅契尼科夫（Elie Metchnikov）[2]的說法，將公鴨與母鴨間強迫發生性關係的狀況描述為自然界的「不和諧」，意指為了適應環境而對個體造成不良後果的現象。

不過，綠頭鴨的愛情故事似乎和大多數單偶制鳥類沒有什麼差別，至少開頭是如此。雖然雄性不參與孵蛋也不負擔幼鳥的養育工作，對伴侶卻相當依戀。這就是愛的證據，各位同意嗎？人們經常觀察到公鴨守在鳥巢附近，就算母鴨飛到遠處找尋食物，牠也會毫不猶豫一路相隨。除此以外的時間，不管是單身或有伴，雄性會

2 埃里亞．梅契尼科夫（Illya Ilitch Metchnikov，一八四五—一九一六年），一九〇八年諾貝爾生理學或醫學獎得主。

一小群一小群聚在一起打發時間，但也不只是打發時間。當一隻母鴨飛離鳥巢覓食的時候，同行的不只牠的伴侶，還有其他雄性，有時會超過十來隻。如果這些公鴨數量非常多，牠們有時就會追上母鴨，強迫牠降落到水面上。打頭陣的公鴨會立刻強迫母鴨交配。當母鴨一邊掙扎一邊努力將頭保持在水面上，此時雄性會用整個身體壓住牠，使牠動彈不得。這是極其粗暴的一幕畫面。第一隻公鴨完事之後，第二隻便接著上來，然後是第三隻，母鴨則顯得筋疲力盡，無力持續抵抗不同公鴨輪番侵犯。這場集體強暴會一直進行下去，直到公鴨心滿意足為止，有時可能會造成母鴨溺斃。赫胥黎在一九一二年的筆記中推估有7至10%的雌性死於溺水，造成族群損失重大。

自一九七〇年開始，關於雁鴨科（包含鴨、雁、樹鴨〔dendrocygne〕、潛鴨〔fuligule〕及其他同科物種）強迫交配的觀察紀錄愈來愈多，可見這種現象比生物學家過去想像的更加普遍。在一九八三年發表的文章中，法蘭克・麥金尼（Frank McKinney）和他的同事調查了三十九種有強迫交配行為的動物[13]。其進行方式有一套固定的步驟。每次試圖強迫交配前，母鴨和數隻公鴨之間通常會先發生一場追逐戰，可能是在空中、地面或水上。如果母鴨無法成功甩開那些侵犯者，很快牠就會發現自己身上壓著一大群擠在一起的公鴨，爭著要讓牠受孕。地點因素也會造成影響。居住在都市的花園和公園裡的鴨群和雁群，其族群密度和性別比（雄性和雌性的數量比例）可能會提高強迫交配發生的頻率。在半馴化的族群中，甚至可能因為不同物種雜處而導致人們觀察到不同種鴨科動物間強暴的情形。

這種狀況非常引人好奇。天擇作用會對每一種變異進行篩選，捨棄對個體不好的，留下好的。這不是基於道德的選擇，好與壞只反映各項特徵對個體生存能力與繁殖能力的影響。

這種強暴行為的原因已成為眾多文獻的研究主題。一九一二年，赫胥黎認為雄性的性本能會延伸至孵蛋期。當雌性在孵蛋的時候，這類本能無法獲得滿足；這就是為什麼母鴨離開鳥巢的時候，往往後頭會跟著不少飢渴的公鴨。不過光是雄性的挫折並不能解釋這些行為；舉例來說，做出強暴行為的公鴨未必是求愛受挫的單身雄性。有伴侶的公鴨同樣會參與集體強迫交配。

雖然眾多學者認為強迫交配是整套雄性繁殖策略的一部分，目的是為了提高繁殖成功率，不過也有一些假說著重於說明這些粗暴行為可能是天擇的副產品，因為其攻擊性反映了雄性之間存在激烈的競爭。通過天擇的不是對雌性的攻擊性，而是在繁殖期與其他雄性互動時的攻擊行為，但很不幸的，如此極端的攻擊性可能會一發不可收拾。關於雌性對雄性這些惡劣行為的反應倒是值得一提。牠們的反應分為兩類。首先是對試圖強迫交配的行為做出肢體上的抵抗，其作用可能有好幾種[14]。二〇〇三年，劍橋大學動物學系的艾瑪．康寧漢（Emma Cunningham）曾分析雌性綠頭鴨的抵抗行為有何作用[15]。其結論是，雖然雌性會抵抗雄性的進犯，但目的主要是為了避免多次交配難免的風險（可能會受傷致死、容易傳染疾病），而不是為了促進雄性競爭。證據就在雄性與雌性生殖器官型態的演化中，而派翠西亞．布瑞南（Patricia Brennan）和她的同事在二〇〇七年發表的文章中曾對十六種動物詳加分析[16]。這些物種的雌性演化出非常特別的陰道構造，有利於阻礙討厭的雄性進入。對這些動物的生殖器官仔細檢驗後顯示，雄性性器愈長、構造愈特別，雌性的陰道也會愈長、愈複雜。好比有些陰道是螺旋形的，讓雄性的陽具不容易進入。有些陰道則有一些多餘的口袋，說是死巷子也沒錯，精子誤闖進去就出不來了。這些構造上的特徵只出現在雄性的暴力行為特別出名、強迫發生性關係的頻率特別高的物種身上。一種演化上的「軍備競賽」，目的是取得繁殖的控制權。如果雄性發展出更長、更特別的陽具以遂行強迫交配目的，雌性則會發展阻止雄性侵犯的煞車器以取回生育控制權！

阿德利企鵝是一群流氓

一八一九年二月十九日，地質學家威廉·史密斯（William Smith）發現「南方大陸」（Terra Australis），為之後兩百年的科學遠征與人類探險開啟大門。南極洲是最後一塊無人曾涉足的處女地，接下來世界強權將競相投入征服南極。正是在這樣的背景下，在一九一〇年，喬治·莫瑞·列維克博士（George Murray Levick，一八七六－一九五六年）——也是英國南極探險隊「新地探險隊」（Terra Nova）的外科醫生兼軍官——留下許多關於阿德利企鵝（*Pygoscelis adeliae*）族群的紀錄。喬治．列維克在一九一四年[17]和一九一五年[18]共出版了兩本關於阿德利企鵝的著作，詳細描述了這種鳥類的生活、族群數量統計、生態與行為。在這兩冊作品中，他多次重複提及「流氓公雞」的行為，牠們可能是沒有生殖能力的雄性，也可能是有生殖能力但沒有經驗的年輕企鵝，或是有經驗但因為能力太差而在性行為上無法成功配對。一九一一年到一二年間的夏季，他在南極洲阿代爾岬（Cape Adare）的族群中觀察到一些雄性不只會跟其他雄性發生關係，還會強迫雛鳥及母企鵝就範，有時甚至會導致受害者死亡。在一些極端案例中，雄性會跟屍體發生關係，有的甚至已經死了一年以上。這是第一次有人觀察到這類行為，而作者將原因歸咎於那些個體自身的墮落。這些行為對那個時代來說太過驚世駭俗，因此喬治．列維克以古希臘文寫下他的觀察，以免太多人讀到。在一九一五年出版的那本書中，這些關於企鵝偏差性行為的文字都遭到刪除，好讓我們善良的社會不會接觸到那些不堪入目的描述。只有一篇題為《阿德利企鵝的性習性》（*Sexual Habits of Adélie Penguin*）的短短文章，將這些在當時難得一見的描述集結其中。

接下來超過五十年間，列維克的文字始終不見天日，直到後來開始有人將目光轉向阿德利企鵝流氓群體的習性。重新閱讀列維克的是道格拉斯・羅素（Douglas Russell）這位倫敦自然歷史博物館的鳥類典藏員，他在館藏文獻中發現一本列維克的書，並在二〇一二年將之發表於期刊《Polar Record》[19]。列維克是一位先行者，他想要、也能夠看到前人都不曾觀察或記錄下來的事物。包括雌性遭惡棍集團成員攻擊受傷並遭強迫交配之事。這個事實太驚人，因此許多科學家試圖尋找合理的解釋。在今日的生物學家眼中，沒有繁殖機會的雄性阿德利企鵝可能只是被不恰當對象激起了反應（至少一部分是如此）。舉例來說，一隻受傷或死亡而躺在地上的雄企鵝看起來很像一隻溫順、隨時願意交配的雌性企鵝。這套薄弱的解釋無法說明所有已經記錄在案的現象，包括侵犯雛鳥的行為。如同對鴨子的研究，衡量這些性攻擊行為對個體、從而對族群的影響非常重要，而分析潛在受害者的防衛策略同樣至關緊要。

跨物種強暴的特殊案例

嘗試與不同物種交配的行為鮮少沒有求偶炫耀行為和前戲。嘗試強迫交配的行為（即其中一方不願交配，通常但未必總是雌性這一方[20]）有七種不同樣態。像這樣試圖以蠻力遂行所願可能會導致被侵犯的個體受到重傷，極端的狀況下還可能致死。某些雄性產生性興奮不是這些脫序行為的理由。更大的原因應該是缺少伴侶，是由於年輕雄性處於底端的社會位階，無法擁有雌性所造成的一種性挫折。雖然人們對這類態度的成因已經愈來愈了解，但對侵犯的細節還是只有破碎的認知。

我大學一年級的時候有兩位老師：尚－保羅・亨利（Jean-Paul Henry）和季・馬涅（Guy Magniez），他們是全世界最優秀的櫛水虱科（Asellidé）[3]專家。他們曾經告訴我一個關於某物種的雄性奇特行為的小故事。櫛水虱是一種小型節肢動物，在交配前控制雌性行動是雄性常見的行為。一般而言，櫛水虱個體只會對同一個物種的個體有興趣。然而我這兩位教授曾記錄櫛水虱（*Asellus aquaticus*）的雄性試圖和同科不同屬的「*Proasellus meridiamus*」的雌性交配的現象。雖然雌性會抵抗雄性的攻勢，但雄性櫛水虱在體型上具有優勢。這兩個物種的荷爾蒙信號非常相似，或許能夠解釋這些雄性為何會將近似物種的雌性誤認為同種。或許這是一種誤會使然的交配嘗試。

在這一系列關於自然界中動物殘暴性行為的故事中，有關跨物種強迫交配的案例最早是在一九九四年由布萊恩・哈特菲德（Brian B. Hatfield）及其同事記錄下來的[21]。故事發生在加州沿岸的聖尼可拉斯島（San Nicolas Island），屬於海峽群島（Channel Islands）的八座島之一。早在一九九〇年代，這些群島便歸入一項重要的復育、生態與保育計畫中，目標為消滅為數眾多的外來種，並重新引入已消失的本地動物。在引入三十隻公南方海獺（*Enhydra lutris nereis*）與一百一十隻母

3 櫛水虱科是一種等足目的節肢動物，屬於潮蟲亞目的水生動物。

海獺之後，學者發現其中兩隻公海獺出現異常行為。在一九八九年十一月十五日到一九九二年七月三日間，一隻身上有「ＢＢ」記號的公海獺有六次被看到對相當幼小的港灣海豹（*Phoca vitulina*）做出有性意涵的攻擊性行為。他們所記下的事件全都依同樣的順序發展。公海獺ＢＢ會在小港灣海豹午睡的時候吵醒牠們，逼迫牠們下海。牠們一下水，海獺就衝進海裡，用前肢扣住牠們，一邊啃咬牠們的頭、臉，同時擺出海獺交配的典型姿勢。雖然當時完全沒有觀察到插入行為，但由其勃起的陰莖來看，插入的意圖昭然若揭。研究者推測ＢＢ是一隻沒有自己領域的年輕雄性，被某隻雄性首領禁止接觸雌性群體，只能轉而以小海豹為性行為的對象，填補沒有機會和同種伴侶繁殖的空虛。這個故事原本可以到此為止，就是個遭到孤立而無法解決性挫折的個體鬧出的事件。不過二〇〇〇年到二〇〇二年間，一樣在加州，另一個研究團隊在蒙特瑞灣（Monterey Bay）又觀察到類似的行為。

上述關於攻擊過程的詳細敘述刊載於一篇深具啟發意義的文章中[22]。至少有三隻雄性正在騷擾、虐待、性侵小海豹時被研究者觀察到，而且操作模式如出一轍。

受害者通常是在海灘上休息時遭到攻擊。當海豹遭到騷擾時，總是反射性往海裡逃。海洋是牠們的棲地，在海中要防禦或逃逸都比較有餘裕，在堅實的陸地上牠們只能蹣跚前行，脆弱得多。可是海獺攻擊時會一路追著小海豹到海裡，並用前肢和牙齒扣住牠們的頭。這樣的犯罪場景一再上演，簡直與連環殺手無異。研究者找到十五具殘破的小海豹屍體。最常受到的創傷包括體表的嚴重撕裂傷，以及吻部、眼睛、鰭腳與會陰附近出血。仔細解剖後顯示這些個體的生殖器遭受嚴重傷害，有的是陰莖插入造成陰道穿孔，有的則是直腸穿孔。這是性暴力行為，而且是不同雄性所為，顯然毋庸置疑。一隻雄性被目擊正在強暴一隻已經死亡超過七日的小海豹屍體，更是駭人。

南方海獺是多偶制動物，代表在部族中一隻雄性可以擁有多隻雌性，而雄性的支配階層是建立在年齡、體型大小與相關身體型態之上，因此從屬者接觸同物種適孕雌性的機會有限。當不同物種在地理範圍上彼此重疊時，比如上述海獺和海豹的情形，那就有可能因為從屬的雄性想尋找雌性替代品而發生性方面的互動。在上述觀察紀錄出現之前的那幾年，研究者注意到雌性的死亡率異常增高，原因在於族群中雄性數量失衡。這可能導致兩性衝突增加，並促使公海獺以蠻力迫使母海獺交配。雄性過剩也可能導致蒙特瑞灣一帶沒有領域的雄性數量明顯增加，尤其是莫斯蘭汀（Moss Landing）附近，大多數記錄到的強迫交配事件便是發生在此地。這可能是沒有機會找到異性對象的從屬階級雄性將牠們性方面的受挫轉嫁到小海豹身上的緣故。

不同的地點，相同的原因，相同的後果。馬里恩島（Marion Island）是愛德華王子群島的其中兩座島，島上棲息一些海鳥與鰭足類動物。島嶼的岩岸地形有少數幾處沙灘，正是在此處有機會看見一種極其罕見也極其可怕的現象。南非斐京大學（University of Pretoria）學者威廉·哈達德（William A. Haddad）在一篇二〇一五年發表的文章中述及四次關於性脅迫行為的觀察[23]。這四次行為都依循相同模式：一隻南極毛皮海獅（*Arctocephalus gazella*，又稱南極海狗、毛海豹）會追趕並抓住一隻國王企鵝（*Aptenodytes patagonicus*）。這種海獅正常的交配時間介於二至六分鐘。根據上述觀察紀錄中的敘述，海獅會反覆強制交配，每次五分鐘，每次結束時會休息，但企鵝依然被壓在地上。其中有兩次未能確認海獅的陰莖確實插入企鵝的泄殖腔，但可能性相當高。以上觀察到的行為當然可以用缺乏性伴侶來解釋，但那不是唯一可能的原因。從這些性脅迫事件的時間分布看來，也可能是一種從其他海獅身上模仿學習而來的行為——南極毛皮海獅屬於鰭足類，是一種以學習能力聞名的群居哺乳類動物。換句話說，學者認為年輕雄性攻擊國王企鵝的行為，可能是想要模仿雄性領導者的性行為。

獼猴與鹿

所有跨物種強迫性關係中，屋久島上的雄性屋久島日本獼猴（*Macaca fuscata yakui*）與雌性屋久島梅花鹿（*Cervus nippon yakushimae*）之間的禁忌之戀是最令人跌破眼鏡的故事。這兩種動物在同一個棲地中比鄰而居，牠們顯然因此很容易彼此相親，而獼猴似乎把騎在鹿身上當成一種遊戲。可見騎到鹿背上是我們靈長類的習慣，但和牠們交配並不是。那是難以想像的場面。一隻好整以暇忙著自己事的公猴看見一頭母鹿在林下草叢中細嚼慢嚥。獼猴兩三下輕巧躍上那位女士的背，全身趴在對方身上，起先完全沒有做出任何令人聯想到性交的動作。背負著公猴重量的母鹿腳步有些不穩，卻任由牠去。不過幾秒鐘，公猴便從母鹿身上下來，跑到一塊石頭上坐著繼續抓身上的蝨子。但是母鹿並非永遠這麼溫馴，牠們常常會反抗，試著輕輕踢腿，想把這不速之客甩下去。史特拉斯堡大學的瑪麗·佩萊（Marie Pelé）在她二〇一七年發表的文章中分析了這個現象[24]。如同對企鵝和海獅的解釋，缺乏性伴侶的假說比較受到支持。這是因為在雄性不易接觸到雌性的物種中更常觀察到這種行為。換句話說，日本獼猴會和鹿發生這種性關係，可能是公猴彌補自己單身生活的一種手段，就好比一種自慰。

第三章　戰士階級的演變

所有社會生活型態中，最令人好奇的自然是「真社會」（eusocialité），這是一種將動物社會內部區分為有生殖力、無生殖力兩種階級的社會組織方式。真社會主要是在蜜蜂、白蟻或螞蟻這些物種中發展出來的，其特徵為有多個世代的成體、成員之間有強大凝聚力、會合作養育幼體，並且會進行任務分工，導致個體的高度特化，因而形成不同階級。有些個體致力於繁殖——蜂后和有生殖力的雄蟻；而其他社會成員則投入利他行動——例如工蟻的工作是維護及供給族群所需的糧食；兵蟻的專長是保衛群體及發動攻擊。雖然真社會性物種和人類社會之間存在許多差異，我們和螞蟻、白蟻與蜜蜂卻有許多類似的戰鬥策略。再者，學者使用的語彙是從人類軍隊中借來的。例如在昆蟲的軍隊裡不只有偵察兵、士兵、步兵，也有會戰、軍團、肉搏戰和化學武器，一整套既令人充滿幻想又恐懼的軍事用語。

人類與真社會性物種的相似之處不僅止於語彙。不論前者或後者都有職業軍隊，亦即有些個體唯一做的事就是備戰和打仗，還有透過徵兵組成的軍隊，亦即遇到外力進犯時，每一個個體都可能變成戰士。昆蟲和人類分配給職業軍隊的力量出奇相似。以白蟻為例，職業軍隊的士兵占整個族群員額的2至5%。這些數字必須拿來跟人類各族群和國家中各種職業軍隊的軍人人數相互對照。例如法軍共有268, 294人[1]（205,782人為軍人，62,512人為文職人員），相當於勞動人口的1%，與美軍占比相同（0.83%）。一份針對世界各國軍隊的分析指出，兵額占比最低為零，最高可至北韓的8.68%和厄利垂亞的12.8%[2]。衝突可能性愈高，軍隊相較於勞動人口的規模就愈大，不論對人類或社會性昆蟲都是如此。

螞蟻的兵法

人類在全世界各大洲發現到的螞蟻超過一萬兩千種，但南極洲除外，因為太冷了。既然種類多如繁星，生活型態也就大不相同。不只有植食性螞蟻、農耕螞蟻、種真菌的螞蟻、養蚜蟲的螞蟻，也有令人喪膽的掠食者螞蟻。在掠食者中，行軍蟻（fourmis légionnaire，又稱軍蟻、軍團蟻）和掠奪蟻（fourmis maraudeuse）尤其令人大開眼界，不只因為牠們的戰術，也因為牠們與眾不同的強烈攻擊性。牠們軍團秩序之井然、行動之迅速，令人聯想到閃電戰。事實上，這幾種螞蟻的確是超級掠食者，牠們發展出一些集體捕獵策略，讓受害者難以逃出生天。牠們總是依同一套流程行事：偵察兵會在族群周圍巡邏棲地，搜尋可能的獵物。一旦找到對象，牠們就會警告其他族人。幾分鐘之內，那個目標——十之八九是一隻活動力不強的動物——便被大卸八塊然後吞下肚了。行軍蟻和掠奪蟻都會集體圍捕獵物，只是前者過著游牧生活，後者則有固定巢穴。可想而知，這兩種螞蟻很容易混淆，再說，為了捕獵發展出來的武器也可以用於戰爭，在這一點上又跟人類多了一個共同點。不過戰爭並不是掠食。因此接下來我不會談論其他著作中常常提及的掠食蟻（fourmis prédatrice），而是要談談牠們的近親。這些螞蟻是為了其他理由發動戰爭，例如要保護自己的領域或取得新的領域（較為罕見），或是要保護蟻窩和蟻群不受掠食者侵犯，抑或是保護牠們擁有的資源。螞蟻比人類還早發明出犧牲小我完成大我的想法。

備戰

*Pheidole pallidula*是一種地中海地區十分普遍的大頭家蟻。由於成長得特別快速，牠們對喜蟻性動物來說是一大福音，也可能是一大煩惱，因為牠們非常擅長挖蟻道逃命。正是因為這些特質，許多研究團隊喜歡把大頭家蟻當成研究模型。土魯斯第三大學（université Paul-Sabatier）的呂克・帕色拉（Luc Passera）和洛桑大學的羅倫・凱勒（Laurent Keller）是兩位令人欽佩的學者，專門研究螞蟻與社會

性的演變。一九九〇年代末，他們決定合力鑽研一個有關螞蟻社會組織極其重要的問題。蟻群中工蟻和兵蟻的比例如何改變，為適應環境，蟻窩中各個位階的分配又是經過何種程序而變化？直到一九九六年他們的文章刊載在知名期刊《自然》（*Nature*）之前[3]，一般皆認定不同位階的比例會隨著環境因素而改變，例如掠食的危險性或與其他螞蟻爭奪資源的激烈程度。但要在實驗室中模仿自然環境及其限制，可是難如登天的挑戰。相較於先前的其他研究者嘗試控制不同種螞蟻之間發生衝突的情境，他們兩位決定只控制同一種類（即大頭家蟻）不同族群之間發生衝突的可能性。

每個族群都有自己的氣味，是一種獨特的碳氫化合物混合物。每次相遇時，螞蟻都會比較彼此的氣味，以分辨對方是的「朋友」還是「敵人」，是來自同一蟻群還是外來的個體。以大頭家蟻來說，不同蟻群的螞蟻間的衝突通常發生在牠們每天將食物運回蟻窩的路線上。這些氣味軌跡彼此交錯、重疊，最後難免狹路相逢。上述幾位學者的實驗設計便是模仿這種自然情境。在一項針對二十個族群所做的實驗中，學者在通往覓食區的甬道中設置細鐵絲網，將整條甬道分成兩邊，讓不同團體的工蟻在這種條件下產生互動。如此一來，當工蟻經過甬道時就會感知到另一個群體的工蟻氣味。細鐵絲網讓螞蟻可以將牠們的觸角和蟻足穿過網目，但不會有任何肢體接觸，以免引發戰鬥致死。對於另一組，亦即對照組的二十個族群，他們設置了同一套裝置，但甬道中以塑膠膜隔開，不讓不同群體的成員彼此接觸。

經過七週的實驗，實驗組蟻群中有能力察覺陌生螞蟻出現的兵蟻增加得比對照組快。這些成年戰士成長為兩倍之多！這樣的成長犧牲的是其他階級，例如工蟻，因為這兩種群體的總數並未出現太多差異。若是遇到緊張時期，尤其是即將爆發衝突的時候，大頭家蟻群會投入更多資源來產生兵蟻，調整其他階級的數量以適應變化。這種因應之道代價高昂，因為兵蟻除了作戰之外什麼都不會：牠們的下顎唯一的作用就是咬斷敵人的身體，任何家務工作牠們都做不來。備戰是有代價的。

神風特攻蟻

日本列島以其固若金湯令所有入侵者屢戰屢敗而聞名，至少在一九四五年以前是如此，因為它有「神風」的保護。之所以有此一說，是因為十三世紀時颱風曾經摧毀敵船，幫助日本武士擊退蒙古人，樹立了不朽的傳說。到了第二次世界大戰末期，刻意駕駛飛機衝向敵軍船艦的日本飛行員再次使用「神風」一詞自稱。現在，這個詞指的是自願犧牲一己性命的個人，也指一種軍事策略，亦即在喪命之前利用最後一擊造成敵營的最大損失。

蟻蛉（fourmilion）是螞蟻最不想遇到的掠食者。我們很容易能觀察到牠們在鬆軟土地或沙地上挖出的那些漏斗狀小凹陷，那是用來抓獵物的。螞蟻在行進時會不小心跌入這些洞裡。牠們沒辦法從四周既陡又滑的坡爬出陷阱。腳下的地面不斷崩塌，何況還有蟻蛉朝著牠們潑撒沙土，想害牠們愈跌愈深。一旦跌進坑底，蟻蛉的幼蟲〔按：即蟻獅〕就會抓住牠的獵物，把消化液注入螞蟻體內，從內部分解牠，然後再吸食那些汁液。該如何打敗這樣的掠食者？入侵紅火蟻找到了一個反制之道。紅火蟻之名得自牠們的尖刺刺傷敵人之後會令其痛苦難當，可是要對抗蟻蛉，牠們的螯針一點忙也幫不上。不過牠們發展出一種很有效的武器，直到一九八一年才被兩位學者發現[4]。祕密就在牠們的大顎。面對蟻蛉，紅火蟻的第一個舉動叫人意想不到。牠們不是先逃跑，而是轉身面向侵犯者，準備與之對抗，然後緊緊抓住蟻獅巨大的顎瘋狂啃咬。一種自殺式的攻擊：平均來看，92％的紅火蟻最後落入敵人腹中，8％會順利逃脫。不過那些自殺的紅火蟻沒有白白浪費性命。牠們的頭和顎始終牢牢卡在掠食者身上，如此一來，即使死了，還是能間接消耗對方的氣力。光靠幾顆紅火蟻的頭還不足以打垮一隻蟻獅，但能妨礙牠製造坑洞的能力，這樣便有可能減少之後對其他紅火蟻的危險性。人們也在無刺蜂（abeille mélipone）身上觀察到類似的防禦行為，牠們的一大特色就是會將大顎埋入人類的皮下。

至於另一種螞蟻——婆羅洲螞蟻，牠們的戰鬥技巧一望即知，在其拉丁文學名中已經說得一清二楚：*Colobopsis explodens*，代表這些螞蟻遇上危險時可能會爆炸。牠們的腹部真的是顆化學炸彈，會釋放致命的有毒物質。有些白蟻會使用這種神風特攻隊式的戰術，但非到不得已絕不動用。另一種極端的戰鬥行為則出自馬達加斯加螞蟻。這種學名為 *Malagidris sofina* 的螞蟻能跳到半空中。在離地三公尺處，這些平衡感一流的雜技演員所打造的蟻巢入口形似一個小漏斗。當敵人靠近時，兵蟻會立刻緊抓對方然後跳向空中[5]。落地之後，兵蟻會再返回蟻巢，回到牠守衛漏斗入口的崗位上。這種做法比較溫和，因為兵蟻沒有因此喪命，但效果一樣好，在膜翅目中也是獨一無二的。

白蟻的職業軍隊

即使不是好戰易怒之人，也可以為最糟情形做好準備。為防禦外侮，擁有一支職業軍隊是很有效的策略。如此一來，就能確保每分每秒都有一群忠誠又善戰的個體、一批雄壯威武的力量準備為族群拋頭顱、灑熱血。不過軍隊是要花錢的，要成立、要維持都是，而且這麼一大群士兵很快會變成群體難以負擔的成本。白蟻找到了一種經濟上的平衡之道。這些社會性熱帶昆蟲主要以木頭或腐植質為食，其中也有一些會種植真菌，牠們居住在比較乾燥的地區，會建造規模龐大的白蟻窩，在裡頭養真菌，讓真菌幫忙預先分解植物碎渣，這樣牠們才能加以消化吸收。

白蟻所構成的超級有機體包含三類個體：工蟻、兵蟻和殖蟻。工蟻和兵蟻不會繁殖，兵蟻和殖蟻不會覓食，工蟻和殖蟻無法保衛自己。每個階級都需要另外兩個階級。不過，和螞蟻不同，白蟻愛好和平，牠們的軍隊純粹是防禦性質的。對於鳥類、哺乳類、尤其是螞蟻來說，牠們是相對好捉的獵物。白蟻的族群密度極高，裡面有許多沒有防禦能力的個體。為了保護這些個體，白蟻只能依靠兵蟻階級，而兵蟻的型態和技巧非常多元，並反映其生態。雖然大家說白蟻是「生態系統工程師」，因為白蟻棲地的結構和材料主要取決於牠們自身，但是蟻群的防禦同樣仰賴一套綜合性策略，反映出蟻窩結構、兵蟻的型態與行為之間的交互作用。在二〇〇八年一篇評論性文章中，奧莉維亞・蕭茲（Olivia Scholz）、諾曼・麥克勞德

（Norman Macleod）和保羅・伊格頓（Paul Eggleton）詳細說明了每種兵蟻在防禦戰術上各有何特點[6]。

所謂「低等」白蟻，例如堆砂白蟻屬（*Cryptotermes*）的白蟻，牠們住在木頭中，生活在交錯複雜的通道間。與外界接觸的出口處是牠們的弱點。這幾種白蟻的兵蟻頭部被稱為「護穴頭」（tête phragomatique），呈圓柱狀，高度硬化的大顎處向內凹。牠們就是看守蟻群入口與門戶的刻耳柏洛斯之犬。一見有風吹草動，牠們就會用自己的頭堵住通道開口，形成一道以肉身做成的嚴密屏障，擋住掠食者，尤其是牠們最討厭的敵人螞蟻，使其無法入侵。以同樣這一套方法，遇到外力入侵時，牠們也可以把一條狹窄的通道堵住。這整套策略的核心就是用身體保護白蟻窩的幾個關鍵點，而不靠戰鬥來保護巢穴。

至於為數眾多的其他種白蟻，尤其是工蟻必須每天出門尋找食物的那些種類，工蟻隊們需要有機動性且配有強勁大顎的兵蟻隊伍在四周護衛。這些兵蟻的角色是保護工蟻與蟻巢不受掠食者侵犯。各式各樣的大顎與隨之有所不同的行為方式構成一系列令人目不暇給的型態與可能性。有絞刀形的大顎，帶有鋸齒又強壯，出現在行動力不強的步兵蟻身上，牠們被配置在策略性的位置，以便發動攻擊，絞碎敵人身體。有些兵蟻則有鋒利或尖銳的大顎，像戟一樣可以砍斷對手身體，一有不對勁也能移動得更快。有些兵蟻還有加倍的戰力，因為牠們的大顎能夠扭轉，先蓄積能量再突然釋放，給對方猛烈的一擊。

通常這些肉身武器都配備了化學物質或接觸性毒素，由連結大顎的腺體供應，使戰士的武裝更臻完備。如此一來，在戰鬥時，某種可防止血淋巴——無脊椎動物的血——凝結的物質會噴到敵人身上，進而妨礙傷口結痂。黃球白蟻（*Globitermes sulphureus*）是一種遍布東南亞的白蟻，其腹部有一大部分被腺體占據，能讓我們的兵蟻化身為一顆活體炸彈。當牠收緊腹部時，就會讓自己像神風特攻隊一樣爆炸，將有毒物質噴灑在對手身上。這種自殺策略也出現在一些蓋亞那白蟻身上，牠們的工蟻耗費一生將自己轉變為駭人的活體化學武器[7]。在那幾個禮拜間，隨著牠們的大顎萎縮，工蟻的特質愈來愈稀薄，化學武器會漸漸在牠們體內蓄積。在生命的尾聲，牠們已經成了無用的工蟻，卻變身為會保衛蟻群至死方休的兵蟻。至於其他種類的白蟻，轉變為戰士的工蟻額前會長出一個突出物，這樣便能朝敵人噴出化學物質，象白蟻屬（*Nasutitermes*）的白蟻就是如此，牠們會朝敵人噴毒液或黏液。從身體型態和行為看來，這些兵蟻確實是不折不扣的活體防禦武器。牠們的體型一般比工蟻大，雖然在某些種類中，兵蟻的體型有大也有小。由於兵蟻無法自行覓食，所以照顧、餵食牠們的是工蟻。因此蟻群中的兵蟻數量不能太多，不然便會成為蟻群難以承擔的負荷。因為這個緣故，蟻群中戰鬥成員的比例通常相當穩定，介於總數的1至2%。不過就像前面提過的狀況，一旦有遭受攻擊的危險，軍隊開始不足時，比例便可能增加，這主要是溫和的工蟻變身為神風戰士的緣故。

皮耶．安德烈．拉特雷（Pierre André Latreille）的蜜蜂

一七九三年，拉特雷神父被關在波爾多勒阿堡（fort du Hâ），等待遣送到蓋亞那。當他捉到一隻小小的鞘翅目昆蟲，小心翼翼將牠釘在一只軟木塞上之時，心

中所想的可能會是什麼？在大革命期間，和其他七十三名唯一的過錯就是當了神父的流放犯一起鋃鐺入獄的拉特雷，即使深鎖在囚室中，依然保持著對昆蟲的熱情。捉得正好，這隻小小的鞘翅目——一隻雙色琉璃郭公蟲（*Necrobia ruficollis*），拯救了他的性命。他的小動物園吸引了前來醫治一位老主教的外科醫學生。拉特雷將那隻昆蟲當成禮物送給他，這位學徒又將它交給博物學家尚—巴提斯特・博利・德・聖文生（Jean-Baptiste Bory de Saint-Vincent）。此人得知拉特雷身陷囹圄，大為震驚，想盡辦法救他出獄。當時拉特雷已經身在將他送往流放地的那艘船上，他獲得完全的自由，並被一條小艇帶回岸上。至於那艘船後來沈沒在柯爾多安（Cordouan）附近，其他神父全都葬身大西洋。這位「昆蟲學之王」、未來法國昆蟲學會的創始者之一，他的命運並沒有停止在這個死裡逃生的傳奇故事裡。拉特雷的貢獻除了許許多多關於新物種的描述以外，還包括建立昆蟲分類學，將各種不同的昆蟲分門別類並整理成冊，這在當時確實是一項革命性的工作！

他所發現的物種之一：巴西無螫蜂（*Tetragonisca angustula*）是一種為數不多

的南美洲蜜蜂，由拉特雷於一八一一年描述並命名為「Trigona angustula」。其工蜂身長約四至五公釐，特徵是黃色的腹部和黑色的頭。早在前哥倫布時期，巴西無螫蜂就被人們視為珍物，因為牠們製作的蜂蜜品質非常高，被認為具有藥效。牠們的族群規模在兩千到一萬隻之間。「Jataí」——牠們在巴西的通稱——的蜂巢有一條長長的蠟管通向族群的中心，也是牠們養育幼蟲的地方。學者在二〇一二年發現[8]，為了防禦天敵，無螫蜂屬的蜜蜂有一套極為複雜的防衛系統。具體而言，這套系統包含兩組相互輔助的兵蜂。其中一群是飛在原地的蜜蜂，會停在蜂巢管狀入口的半空中，監視出入狀況；另一群蜜蜂則待在蜂巢內部，在蠟製通道的另一端形成第二道防線。研究者也舉證說明，牠們有另外兩個在白蟻或螞蟻的兵蟻身上找到的特徵。衛兵的體重比負責採蜜的工蜂重30％。牠們的頭部比較小，足部比較長，壽命也比較長。最後，巴西無螫蜂養的衛兵數量很少，只有工蜂的1至2％，比例上低於螞蟻或白蟻等其他真社會性昆蟲。事實上，當我們的「Jataí」遇上最可怕的敵人——巴西盜蜂（*Lestrimelitta limao*）時，最大隻的工蜂也會加入戰鬥之中。這項新發現開啟了新的研究領域。具體來說，工蜂的大小和型態存在多態性是蜜蜂界的常識，不過多態性的作用到目前為止仍少有人研究。或許最後我們會發現，在整個蜜蜂世界裡，這種防禦策略比我們想像的更普遍。

蚜蟲的無害只是表象

在所有已知的社會性昆蟲中，蚜蟲似乎是最溫和無害的。看牠們整天只顧著吸植物汁液，沒人想得到牠們也有一種複雜的防衛組織。不過就和螞蟻、白蟻和蜜蜂一樣，蚜蟲也會進行任務分工。繁殖是成蟲的工作，最小的若蟲（nymphe）則負擔工人和士兵的角色。

日本的蚜蟲日本癭蚜（*Nipponaphis monzeni*）會在寄生的草木上製造出很大的蟲癭。這些中空的圓球是植物組織受到刺激而長出來的，裡頭繁衍著數百隻、甚至數千隻昆蟲。幼蟲把蟲癭當成家，也當成食物來源，牠們會從癭的內壁吸取植物汁液。在一篇近年發表的文章中，日本筑波市國立產業技術總合研究所（AIST）

的沓掛磨也子——也是研究植物與昆蟲互動的專家——表示，這種蚜蟲的若蟲在長大開始繁殖之前都會擔任士兵，履行牠們的社會職責[9]。牠們的其中一項任務就是保護蟲癭不受掠食者侵犯。春天時，毛毛蟲經常會攻擊蟲癭，牠們會在蟲癭的壁上鑽出通道，好進到裡面吃蚜蟲。遇到這類突襲時，若蟲會湧向侵略者，用牠們像針一樣的刺突去戳對方。牠們也是靠刺突戳穿植物組織以吸取其汁液的。這個填飽肚子的工具變成一把如同薄刃的武器。於是那隻打算闖進蚜蟲棲身之所的毛毛蟲便遭到上百柄小巧的寶劍刺穿。接著，這些小小兵聚集在缺口四周，將牠們的體液噴上去。不是只噴一點點，而是可能多達蚜蟲體重的三分之二！牠們用足部將分泌液混合在一起，仔細塗抹在植物的傷口上。淡白色的液體很快會凝固變硬，將破洞補起來。有些士兵在戰場上倒下，變成建材的一部分。經過幾個小時的時間，靠著那些硬化的體液，缺口便封住了。由這點看來，日本癭蚜的若蟲和羅馬軍人很像，既是士兵也是建築師。

沓掛磨也子的發現不僅止於此。蚜蟲士兵用來填補植物壁的體液中包含血球，這些細胞會釋放大量脂肪滴和一種酵素，亦即可以讓血迅速結痂的酚氧化酵素（phénoloxydase）。血球和酚氧化酵素是昆蟲免疫系統的基石。蚜蟲受傷時，血球會湧向受損區域然後爆開，釋放出脂質，凝結成一塊柔軟的塞子。接著它會產生酚氧化酵素，使血液分子組成堅硬的網格狀，從而形成一片殼。也就是說，使蚜蟲士兵傷口癒合的免疫機制和牠們保衛群體的機制是一樣的。這是一種獨特的社會免疫。早在一九七七年，另一位日本學者青木重幸（Aoki Shigeyuki）就已經發現好幾種蚜蟲當中都有士兵的存在[10]。這些蚜蟲的士兵型態會因物種而異。以住在植物嫩芽尖端的莖蚜來說，某些士兵的頭上有兩根角可以頂開敵人，遇到天敵食蚜蠅（mouche syrphide）會食蟲的蛆，牠們也會毫不猶豫爬上去，狠狠攻擊牠們。就算自己死了，還有千千萬萬個牠們的族群卻存活了下來，這才是最重要的。

名副其實的槍蝦

連在深深的大海裡也可能找到一樣的因和一樣的果。有些甲殼類動物也具有真社會性。小小的槍蝦在海綿裡的通道中形成以一隻有生殖能力的雌蝦為中心、數量達數百隻個體的族群。槍蝦（crevette pistolet）得名自牠們捕獵和防禦的技巧。槍蝦有一隻大螯，一夾起來的時候，因為夾的速度非常快，便激起一道高速水流。這個動作造成水壓變化，形成一顆氣泡，當氣泡內爆時會發出超過兩百分貝的可怕噪音，足以震懾並殺死獵物。艾梅特．達菲（Emmett Duffy）在一九九六年進行實驗室實驗時發現，蝦群中體型最大的成員是最有能力保護群體的一群[11]。令這些蝦子最害怕的威脅就是被某個競爭的蝦群趕出牠們柔軟舒適的棲身之所。當一隻陌生蝦子靠近海綿入口，居民會立刻展開戰鬥。牠們會用螯擊打對方，直到入侵者離開或喪命為止。最大隻的個體最積極，攻擊性也最強，與外來者戰鬥的機率往往是最小隻的兩倍之多。槍蝦的合作式防禦和社會性昆蟲一樣。這證明在動物界中，士兵階級的存在比我們原本想像的還更普遍。

無性繁殖大軍

當我們想到寄生蟲時，腦中浮現的第一個畫面並非一個複雜的社會組織，其中有一群專門繁殖下一代的個體，由一支軍隊保護著。不過……藉由近距離觀察寄生蟲，人們發現寄生蟲也擁有真社會性，而長期以來我們一直認定那專屬於某些我們以為比較高等的物種。吸蟲（trématode）是一種遍布全球五大洲的小型寄生蟲。吸蟲的特色是在好幾個宿主間度過生命週期（稱為多宿主），牠們能夠改變中間宿主的行為，以便更順利進入最終宿主的身體並在那裡繁殖[12]。許多吸蟲以水生鳥類為最終宿主，如鷸鴴類和鷗科，中間宿主則利用軟體動物。寄生蟲的成蟲會在鳥類身上繁殖，因此經由鳥糞，數百萬顆蟲卵會被釋放到自然環境中。一旦有一顆卵被某隻軟體動物吃下肚，卵就會孵化出一隻新的幼蟲，透過反覆的無性生殖，這隻幼蟲會生出數千隻稱為「雷氏幼蟲」（rédie，radia）的幼蟲。這些雷氏幼蟲可能會再製造出其他跟自己一模一樣的雷氏幼蟲，也可能製造出另一種型態的幼蟲，稱為「尾動幼蟲」（cercaire；cercaria）。尾動幼蟲會離開宿主進入大自然，尋找下一個宿主，以便進入生命週期的下一階段。在數年的時間中，雷氏幼蟲會彼此合作，善加利用宿主的身體，不讓這可憐的受害者繁殖下一代，並將可用的資源奪取過來壯大自己的族群。雷氏幼蟲進行無性生殖的結果，可能導致寄生蟲幼蟲的重量高達被感染的軟體動物體重的41％！

在研究一群鞭帶屬（*Himasthla*）吸蟲的生態的過程中，加州大學的萊恩．赫肯傑（Ryan Hechinger）在這些無性生殖的子代中發現兩種不同型態的雷氏幼蟲[13]。第一種子代體型比較大，扮演繁殖者的角色。牠們是不折不扣的小工廠，以驚人的效率生產幼蟲。第二種體型則明顯比較小，完全不具有生殖能力，長有相當明顯的口吸盤。有很長一段時間，這些無性生殖的子代都被認為是擁有繁殖力前的未成熟階段，是指日可待的繁殖者。這種看法既合理也說得通，只是不能解釋口吸盤的作用為何。

在吸蟲的世界，同一個宿主身上同時看到好幾種寄生蟲並非罕見之事。牠們之間的爭鬥最後多半不是你死就是我活，而有口吸盤防身的雷氏幼蟲明顯具有優勢。直到赫肯傑開始研究之前，還沒有人探索過這類雷氏幼蟲確切的功能。後來經過一系列實驗，證明了這些小複製蟲擁有幾項專屬特徵[14]。例如牠們比有繁殖力的幼蟲活動力更強，從分布位置來看，牠們一般都待在軟體動物的外壁，在所謂「外套」的部位活動，其由許多肌肉組成，負責將水吸入身體以取得食物。換句話說，其他吸蟲就是從這些雷氏幼蟲所在的地方入侵的。所以牠們扮演著邊界守衛的角色。而且牠們不只能夠精準無誤攻擊其他種類吸蟲的雷氏幼蟲，也會攻擊和自己同種的其他子代。這麼微小的生命卻如此重視血緣傳承，令人驚異。自從鞭帶屬被提出後經過了六十五年以上時間，人們才了解兩種不同型態的子代各自扮演何種角色，並發現有繁殖力的個體和擔任士兵的個體之間存在任務分工。既然這種組織型態存在於一種有兩萬個種類的寄生蟲之中，很可能也就不那麼罕見。未來一定還會有新的發現。

免疫防衛：為身體而效力的軍隊

二〇一〇年，一個由阿布德拉札克・艾爾・阿爾巴尼（Abderrazak El Albani）帶領的普瓦捷大學（université de Poitiers）研究團隊在加彭的法蘭西維爾（Franceville）附近挖掘出可追溯至二十一億年前的多細胞生物化石[15]。這四百個化石比先前在澳洲發現的那些稱為埃迪卡拉生物群（faune d'Ediacara）的化石年代還早了約十五億年。多細胞生物的出現是演化上的重大轉變，因為與此同時也發生了細胞的特化。相較於單細胞生物必須單獨承擔所有功能——覓食、防禦和繁殖，擁有複數細胞的生物可以彼此分攤任務。

多細胞生物的身體是一座有多條防線的碉堡。首先是外皮系統，在節肢動物身上是外骨骼，脊椎動物身上是皮膚，可以保護生物不受外界的侵擾。可惜外皮並非不能穿透，還是有其弱點。為了對抗成功穿越這第一道防線的敵人，身體有自己的軍隊，亦即免疫系統。人類的免疫系統由好幾種士兵組成，能在數分鐘內將這些士兵部署到戰鬥區域。在這支軍隊裡，每個成員都專精於一項特定任務。哨兵可以是單核球（monocyte），這種在血液中的細胞一發現不對勁便會對入侵者展開攻擊，或者是巨噬細胞，亦即保護組織的哨兵。這兩者都是吞噬細胞，換言之它們會吞噬細菌、寄生蟲和病毒。一旦有異物入侵促使它們出動，一邊作戰的同時，它們也會釋放一些信號，亦即細胞激素（cytokine）來警告其他士兵，也就是讓那些更專業的細胞前來支援。再者，人體擁有一批特殊的殺手：ＮＫ淋巴球——ＮＫ就是natural killer，自然殺手——其功能是摧毀被感染的細胞或腫瘤細胞。上述這幾種士兵構成先天的免疫系統。不過，一支優秀的軍隊是能靈活調適的軍隊，能依據敵人的狀況改變行動模式，並從先前的攻擊中學習。後天的免疫系統就是這樣一支專業的軍隊。Ｂ淋巴球的功能是辨認並藉由抗體標記入侵者，它們能夠記住這些敵人，下次就可以更順利擊敗它們。如果這些敵人捲土重來，身為菁英部隊的Ｔ淋巴球就會介入並摧毀侵略者。這樣的分工與任務專業化奠基於特化細胞之間的合作。我們也在昆蟲社會中看到這種不同階級各有專長的現象。如果我們常常把白蟻窩和螞蟻窩比喻為超級有機體，那是因為它們的運作十分相似。牠們安排防禦手段與組織士兵的方式有許多共同點。在螞蟻窩或白蟻窩中，個體之間會互動，也會彼此協助。哨兵會監視，並在族群的四周巡邏，就像單核球會在血管網裡不斷移動，檢查是否有異物入侵一樣。當工蟻在工作的時候，兵蟻會待命，如果有任何一點危險，牠們會隨時跳出來。同一套邏輯不只出現在昆蟲群體裡，在一隻脊椎動物身上也是如此：大家一起行動、互通消息，只為了一個目的，那就是保衛有機體。

第四章　物種之間的戰爭：消滅敵人與競爭者

自然界中，物種之間發生衝突的原因不只是要奪得領域或資源，有時候一些動物也會因為想要消滅敵人而引發衝突。對生理構造上已經有致命武器的掠食者來說，殺害競爭者或敵人是家常便飯。但植食性動物也會有打算發動這種戰爭的時候。此時，角色便有了一百八十度的轉換。這種時候，在集體的力量下，獵物變成了殺手，掠食者則成了被害者。

獅子、鬣狗與非洲野犬：百年戰爭

獅子、鬣狗和非洲野犬是居住在非洲大陸上的社會性肉食動物。雖然個別來說，公獅和母獅都比鬣狗強，但鬣狗的力量在於團體行動與集體智慧。對三者中體型最小的非洲野犬而言，部族的存在確保了個體的生存。

要呈現這三種動物之間水火不容的關係，可使用的科學文獻不如動物紀錄片來得豐富。二〇一八年，精采絕倫的ＢＢＣ紀錄片系列《地球脈動》（*Earth*）[1]捕捉到一頭獅子和一群鬣狗之間令人難以置信的一幕。為了管控邊界，並用撒尿的方式標記領域範圍，一隻年輕的公獅子獨自深入稀樹草原。這裡所有動物一見牠就怕，貓科動物之王有什麼可擔心的呢？偏偏這隻獅子被一群鬣狗盯上了，牠獨自行動，而鬣狗很快便明白牠們遇上了千載難逢的好機會。不過幾分鐘內，這隻獅子便被二十隻鬣狗包圍了。面對這麼一大群鬣狗，牠抵擋不了太久。牠向對方展現自己的力量，但鬣狗經驗豐富、反應靈敏又團結一致。當牠試圖抓住其中一隻攻擊者，其他鬣狗便找到機會衝上來咬他的側腹和後腿。永遠都要從後方攻擊，以免被咬中而一命嗚呼，這就是鬣狗的戰術。年輕公獅不停向後轉，可是攻擊來自四面八方。為了不讓自己的下半身遭到鍥而不捨的鬣狗戰士控制，牠坐下來，試圖正面應戰，但一隻接一隻，那些鬣狗輪番上來咬牠、戳牠。牠非常慌張、臉部漲紅，最後終於引來另一隻牠求之不得、同樣也遠離部族的公獅。在過去的紀錄中找不到鬣狗成功殺害獅子的例子，不過在其一九七二年出版的著作中，研究動物界的生物學翹楚喬治・夏勒（George Schaller）[2]指出小獅子的死亡有8%為鬣狗或豹所為。對鬣狗來說，反過來就不是如此了：鬣狗專家漢斯・柯魯克（Hans Kruuk）[3]指出獅子的攻擊在鬣狗的死因中占了55%。這是一場不對稱的戰爭，反映兩個物種之間的實力關係。

在這場頂尖對決中，非洲野犬屬於羽量級，以牠們二十五公斤的重量對上兩百公斤的獅子或五十幾公斤的鬣狗。根據在波札那和坦尚尼亞得到的計算結果，這種過群居生活的犬類有13到50%的死亡原因是獅子或鬣狗造成的。如果能從那些大型肉食動物爪下逃出生天，往往也是獵物被對方奪走。不只獅子，還包括鬣狗，牠們都是非常懂得見縫插針的偷竊寄生者。根據一篇一九九九年發表在《美國博物學家》（*The American Naturalist*）期刊上的文章所述，不論在全世界哪一洲，肉食動物之間永遠在互相攻擊。紅狐（renard roux）將北極狐趕盡殺絕，郊狼的死有43至67％是灰狼和美洲獅所致。獵豹會被獅子和鬣狗騷擾，還有伊比利亞猞猁，牠們是小斑獛（genette）和獴科動物的殺手[4]。這些攻擊行為也是一種為殺手或牠們的後代減少隱憂的手段，或是讓原本由受害者享用的食物資源可以釋放出來。這是個可怕的畫面——一幅掠食者群體不能容忍任何競爭的畫面。由此看來，所有肉食動物都是潛在的殺手，而不是只為了填飽肚子才那麼做。

大型猿猴的戰爭

暴力是某些大型猿猴生活中的一部分。就像第一章提到的，在倭黑猩猩和紅毛猩猩身上幾乎觀察不到攻擊性的互動，但關於大猩猩和黑猩猩的紀錄就相當多。大猩猩和黑猩猩的攻擊性最強，牠們會聯合起來攻擊、殺害其他同類，不管對方是別的群體的成員或是和自己屬於同一社群。牠們的暴力也會展現在狩獵行動中。眾所周知，會被黑猩猩當成獵物的動物非常多，包括鳥類、非靈長類的哺乳類、小型猿猴和爬蟲類，牠們的飲食偏好會隨著當地可取得的種類而改變。

在多數時間，大型猿猴各自居住在不同的區域內，所以不同種類之間鮮少有交集。只有非洲幾個地區的黑猩猩和大猩猩有時能和平共存。二〇二一年，萊拉・薩森（Lara Southern）、托比亞斯・德施耐（Tobias Deschner）、西蒙娜・皮卡（Simone Pika）發表的觀察報告中記錄到加彭的盧安果國家公園（Loango National Park）中黑猩猩攻擊大猩猩致死的現象，非常奇特且罕見[5]。明明在他們所研究的這塊區域中，這兩種動物似乎向來相敬如賓。在二〇一四年到二〇一八年間，學者觀察到雷康波社群（Rekambo community）一群慣常一起活動的黑猩猩和一些陌生大猩猩之間的九次相遇都十分和平，雖然這兩種動物均以果樹為食物來源，對雙方而言，這都是可能引發衝突的因素。但是在二〇一九年，有兩次相遇演變為死亡攻擊。事件發生在雷康波領域的外圍邊緣，而學者曾觀察到的大多數致命攻擊正是發生在此一地帶。要理解並分析黑猩猩為何會對大猩猩發動肢體攻擊，我們必須依序讀完研究者所記下的來龍去脈。

第一次攻擊發生在二〇一九年二月六日，兩方是一群二十七隻的黑猩猩和一群五隻的大猩猩。那一天，雷康波社群的黑猩猩出發前往附近的領域探險。這是一種危險性很高的活動，當資源開始缺乏，猿猴希望擴大活動範圍的時候，就會進行這種探險。經過五個小時，這群黑猩猩都未遇到任何別的黑猩猩。牠們轉而朝向自己領域的東界前進，並分成兩個小隊，分別有十八隻與九隻個體。下午五點，比較大的那個小隊正在穿越一片非常茂密的草木，視線因此受到遮蔽。就在此時，牠們遇上五隻大猩猩，其中有三隻成年母猩猩、一隻猩猩寶寶和一隻背上有白毛的公猩猩。牠們完全措手不及，彼此可錯身的空間很窄，根據研究者的估算，還不到七十平方公尺。其中一隻黑猩猩發出第一聲叫喊，接著其他黑猩猩跟著大吼大叫，導致大猩猩也開始大叫，滿臉通紅。極度緊繃的氣氛維持超過十分鐘。一隻隻猿猴看著彼此，表情似乎有些困惑，我們很難分辨牠們的角色分別為何。突然間，白背的那隻公大猩猩衝向一隻年輕的母黑猩猩，狠狠把牠撞飛到半空中。九隻黑猩猩便將這隻大猩猩團團圍住，毆打牠，一邊跳到牠身上一邊大吼大叫。個別來看，黑猩猩比較弱小，但成群結隊時，白背大猩猩就不是牠們的對手了。牠和同一群的其他成員向後退了三十公尺。狀況漸漸平靜下來，攻擊的時間持續不到十分鐘。接著，研究者在下午五點二十二分觀察到一隻名叫小格雷（Littlegrey）的成年公黑猩猩坐在地上，把大猩猩寶寶舉在牠面前。小寶寶發出緊張的叫聲，但動彈不得。在這短暫的衝突中究竟發生了什麼事？我們無法回答這個問題，何況當時大猩猩寶寶並不在媽媽身邊。五隻黑猩猩——三隻公的，阿甘（Gump）、恩戈迪（Ngonde）和西亞（Thea），以及兩隻青少年，凱撒（Cesar）和席亞（Sia）——靠過來觀察這隻大猩猩寶寶。好幾分鐘過去，牠們似乎在爭奪幼兒的所有權，但小格雷一直緊緊守著牠。牠聞聞這個小寶寶，把牠放在自己面前，用右手打了牠三次。大猩猩寶寶還活著，哀嚎聲依然可聞。之前寶寶發出一聲緊張的叫聲之後，一旁的矮樹叢中傳來一聲哀鳴，顯然是來自牠一籌莫展的母親。

此時公黑猩猩恩戈迪用一隻手抓住那小小的身軀，拖行了好幾公尺。接著換克雷西亞（Clessia）搶到這隻幼小的大猩猩，牠是一隻青少年期的母黑猩猩。小寶寶不再發出聲音，看起來已經死了。連續二十分鐘的時間，克雷西亞一直在玩這具已經失去生命的軀體。衝突發生五十分鐘之後，研究員聽到約四十公尺外一隻大猩猩用力捶胸的聲音，聲音愈來愈遠，那群大猩猩也隨之遠去。當研究員們要離開那片區域時，母黑猩猩克雷西亞依然抓著那隻大猩猩幼兒的屍體。我們約略可以得知第一場對抗的傷亡結果。在那隻白背大猩猩發動攻擊時，另一隻年輕的母黑猩猩基亞（Gia）身受重傷，其他公猩猩身上也有傷痕。究竟是誰第一個發動攻擊？雖然大家都對大猩猩的反應和猛衝的動作印象深刻，其實只要不覺得周遭有危險，牠們的情緒通常十分穩定。當一大群大家都知道很愛吃肉的黑猩猩來到面前，大猩猩是否覺得自己身陷危險？第一場對抗留下的疑問多過於能解開的疑惑。

十個月過後，在二〇一九年十二月十一日這一天，兩組研究者正在追蹤一群共二十九隻黑猩猩，牠們正朝著領域的北界前進。由牠們的行為看來，目的昭然若揭。頻繁嗅聞地面與警戒的表現顯示這是一次巡邏領域的行動。十二點二十六分，整群團體的領袖公猩猩佛雷迪（Freddy）突然停下腳步，發出好幾聲警戒的叫聲。整群黑猩猩停止移動，其他黑猩猩暫時停下動作，有幾隻則輪流發出警戒吼聲。在牠們面前，枝葉晃動了起來。然後一隻母的大猩猩出現在一棵樹上。黑猩猩向前靠近。牠們既好奇又興奮。林冠上，捶打胸膛的聲音令空氣振動，研究者算出樹上還有另外六隻大猩猩：一隻白背的，兩隻成年母猩猩帶著幾隻幼兒，還有一隻正值青少年期的大猩猩。

十二點三十分，多數黑猩猩決定爬上附近的樹木，只有四隻仍留在地面。一隻名叫勝者（Chenge）的公黑猩猩個性比較大膽，牠爬上幾隻大猩猩所在的那棵樹，待在距離白背和一隻帶著一個寶寶的母猩猩不到五公尺的地方。大猩猩被包圍了，牠們的不安顯而易見，不斷發出警戒吼聲。白背和兩隻帶著寶寶的母猩猩立刻移動到林冠更高處，但樹頂其實更無路可逃。若要逃命，唯一的方法就是硬闖出去。得趕緊做決定，再慢恐怕來不及了。十二點三十六分，白背找到一條路，牠迅速爬下那棵樹，逃進林下的矮樹叢裡。下一分鐘，那兩隻母猩猩中的一隻帶著懷中的小猩猩也爬下樹了。牠很快就被一群黑猩猩追上，遭到包圍和攻擊。潘迪（Pandi）和西亞這兩隻公黑猩猩擋住牠的去路，朝牠咆哮並用樹枝敲打地面。西亞好幾次靠近母猩猩，試圖搶走牠的寶寶。第三隻公黑猩猩阿甘抓到那隻小猩猩，但大猩猩媽媽用力把牠搶回來抱緊。母猩猩成功抵擋攻擊，並循著白背的路徑順利逃離。不過此時黑猩猩們注意力已經轉向別的地方。

大猩猩們的吼叫聲在距離數十公尺外的地方也聽得見。第二隻母大猩猩和牠的幼兒獨自待在一棵樹上，遭到八隻成年公黑猩猩包圍：勝者、阿甘、小格雷、路易（Louis）、恩戈迪、奧里恩（Orion）、潘迪和西亞，還有一隻青少年期的母黑猩猩葛瑞塔（Greta）。和第一隻母猩猩一樣，幼兒似乎是黑猩猩的攻擊目標。四隻公黑猩猩接近那隻母大猩猩。牠揮舞雙臂，同時把孩子護在懷中，一邊試圖遠離那些黑猩猩。小格雷、阿甘、恩戈迪和西亞這四隻攻擊者十個月之前曾參與第一場攻擊。

危險步步逼近，無可避免的結局彷彿已在眼前。母大猩猩忽然迅速往地面下降，寶寶還掛在腹部，可是立刻就被交錯的枝葉和藤蔓擋住。有兩分鐘的時間，牠消失在研究者的視線中。十二點五十分，研究者再度看到牠，牠正爬上旁邊另一棵樹，寶寶則不見蹤影。抓著那隻已無氣息、腹部出現巨大傷口的大猩猩寶寶的是凱撒，一隻年輕的公黑猩猩。另一隻公黑猩猩把小猩猩搶了過去，接著是一隻母黑猩猩，牠開始吃小猩猩的兩隻手和內臟，然後另一隻母猩猩又拿走那具屍體，其餘部分則被丟棄。後來研究人員找到那隻大猩猩寶寶，大部分的內臟、兩隻手掌和腦部都被吃掉了。

我們能從這些極為殘暴的攻擊行為中看出什麼？在上述兩個例子裡，黑猩猩的數量都明顯占上風，而兩個受害者都是幼兒。雖然有白背大猩猩在場，似乎也無法阻止黑猩猩攻擊，牠們靠著數量優勢便嚇跑了保護那群大猩猩的雄性。

但是該如何解釋牠們的行為？掠食顯然不是原因。當黑猩猩打算獵捕小型哺乳類的時候，會出現一些特定的行為舉止。牠們會很鎮定、不發出聲音，對林冠上的任何聲響和動作都極為敏感。牠們會發出一些特殊聲音來溝通，那是只有狩獵時才會用的聲音[6]。在這兩次攻擊大猩猩的過程中，牠們十分吵鬧，注意力也不集中。第二名幼兒的身體被吃掉一部分則是其中一隻黑猩猩的個別行為。

或許可以用兩個物種之間的競爭來解釋。雷康波社群的黑猩猩領域和七個不同的大猩猩群體有部分重疊。雖然黑猩猩和大猩猩的攝食生態位並不同，彼此也會刻意避開，但是遇到食物短缺時，兩種動物還是可能會為了糧食資源縮減而彼此競爭。二〇一九年二月和十二月那兩次導致死亡的相遇，就發生在糧食匱乏的時期。資源不足迫使這些猿猴更常移動，移動的距離也更遠，兩種動物之間產生摩擦的可能性自然會提高。相對的，四月那兩次相安無事的相遇則發生在糧食充足的時期。這種現象經常發生在只有食物稀缺時才容易攻擊競爭者的肉食動物身上。

我們正在面對的氣候變遷導致加彭森林裡的果樹發生地區性產量銳減。這種稀缺可能會使黑猩猩和大猩猩的競爭趨於激烈，導致這些原本和平共處的物種開始醞釀在下一次相遇時出手攻擊……

稀樹草原上的復仇

非洲水牛（*Syncerus caffer*）是非洲大陸上分布最廣的一種有蹄類動物。從撒哈拉沙漠到南非，非洲水牛生活在五十隻到三千隻個體形成的大型牛群中。牠們會出現在沼澤及濕地區，也會出現在茂密的稀樹草原、草原地帶與潮濕的森林中。這個小社會的結構是按著支配關係建立的。其中除了雌性以外還有不同的次級群體，由從屬的雄性、上層的雄性或雌性、高齡或是有殘疾的動物組成。年輕的雄性會小心翼翼與極為敏感暴躁的領頭雄性保持距離。乾季時，牠們會遠離雌性，組成一些單身團體。濕季時，牠們會回到大牛群中和雌性交配。整個濕季牠們都會和雌性待在一起，以看顧小牛。這種緊密結合的方式也有助於保護弱小的個體，如此一來，肢體有殘缺、瞎眼或只有三隻腳的水牛也可以靠著牛群的力量活下去。也就是說，互助是其社會組織的一項核心要素，是生存的保障。

非洲水牛的天敵是獅子（*Panthera leo*）。在非洲一些地區，牠們是萬獸之王的主要獵物。如果獅子一天到晚攻擊水牛，那是因為獅子別無選擇。當草長得很高，很容易掩蔽自己的時候，獅子只需靠著有技巧的精心埋伏就能抓到體型更小的動物。可是當草稀稀疏疏，獅子隱藏不了身形的時候，要獵捕這些小動物就變得困難許多，牠們也只好去攻擊水牛。這兩種動物的對抗非常可怕，因為水牛是一種很棘手的獵物，要獵捕牠則是危險重重。母獅子——牠們是比公獅子更優秀的獵人——必須彼此協調合作，才能抓到一隻重達數百公斤、有能力保護自己、還會集合起來一起向前衝的獵物。即使已經挑選最弱小的個體，面對難以預測的牛群，牠們還是需要時時刻刻小心防範。團體是水牛最佳的防禦武器。團體行動更容易察覺並阻止對方的攻擊，或是利用集體的力量使那些謹慎的貓科動物退卻。這麼做也能分散個別遭到掠食的危險。牛群愈龐大，就愈不可能被吃掉，因為獅子一次只能制伏一頭水牛。不過水牛還有另一項特點。一有機會，牠們就會朝著危險直衝過去。這就是主動攻擊的策略。許多獵物想要集體反擊掠食者的時候都會採取這種戰術。即使體型較小，眾多個體一起行動往往會使掠食者不得不走避，以免受傷。回到水牛身上，由於沒有尖牙利爪等武器可以進攻，牠們能用來防禦的無非就是力氣與牛角，當然還有團體的力量。非洲水牛忠實遵守拿破崙的格言：「最好的防禦就是攻擊。」牠們不會甘於乖乖等著身為獵物的命運降臨，而是一有機會便立刻站上攻擊者的位置。

眾多證據可證明這種行為的存在[7]。一隻老母獅在一場狩獵中被一群水牛殺死[8]，一隻公水牛被一群母獅殺死，當牛群返回並開始朝這些貓科動物衝過來時，這群母獅便丟下水牛。場面往往極度殘暴。我們可能會看到一隻獅子被逼到困在樹上或突出的岩石上，要等水牛離開再離開牠的避難地。有時候根本沒有機會逃走。如果獅子攻擊時失算，誤判對方的陣仗，雙方的角色就會反轉。獵物變成了殺手。在平地上，身處水牛之間，獅子顯得毫無自保之力，不停挨打，被彎曲的牛角挑飛，再被踩踏至體無完膚。不過幾分鐘的時間，這優雅的大貓便只剩一團難以辨認的殘骸。攻擊行為並不僅針對成年獅子，如果水牛遇見幾隻小獅子，或憑氣味嗅出高草叢中小獅子躲藏的位置，水牛會搜索草叢，將牠們趕走。這項戰術的邏輯無懈可擊：如果在我的敵人成年之前消滅牠，未來的威脅也就消失了。

人與自然的戰爭

在所有會為了食物以外目的進行攻擊的動物中，人類是箇中翹楚。人類不是單純的掠食者，一直不遺餘力想要消滅那些他們認為「無用」或基於無知而認定「有害」的物種，而且隨著科技進步，想要消滅他們認為「不好」的物種的意志已經形成一套制度。毒藥、熱武器、陷阱——人類掌握的關鍵技術不斷提升，並利用這樣的技術除掉他們討厭的生物。就這點來看，心胸如此狹隘的物種在大自然中只有人類了。

關於人類與自然的戰爭，最好的例證就是查理大帝在西元八一三年建立的一支特殊軍團。這支軍團負責驅趕狼和所有有害的東西。此後數百年間，「捕狼團」（corps de la Louveterie）經歷改革、重組，目的都是為了讓除惡的工作成效更佳。無論在不同時代，捕狼團裡曾出現士官、尉官和一名大捕狼官（grand louvetier）。無論怎麼變換，這個負責對抗大自然的團體使用的都是軍事用語，而大自然顯然不懷好意，其中頭一個就是人類永遠的敵人：狼。法國人比全世界其他地方的人更拚命和這種學名為*Canis lupus*的動物對抗，尚－馬克・莫里梭（Jean-Marc Moriceau）在其著作《人狼對抗：兩千年的戰爭》（*L'Homme contre le loup. Une guerre de deux mille ans*）中也是這麼說的[9]。十八世紀，布豐伯爵喬治—路易・勒克萊克（Georges-Louis Leclerc, comte de Buffon）在他的《自然史》（*Histoire Naturelle*）第七卷中描寫了一種危險又令人害怕的動物[10]：「我們見到一些狼尾隨軍隊，抵達戰場時為數不少，戰場上草率掩埋的屍體被牠們挖出來，貪得無饜地吞食；而這些狼習慣了人肉的滋味，接下來便撲向人類，攻擊牧羊人而非羊群，吞吃婦人，奪走孩童。」確實，那個時代頻仍的戰爭與流行病為這些伺機而動的食腐動物提供了一些未正式下葬的屍體，怒氣沖沖的狼群攻擊人類之事也是悲慘的事實[11]。「相反的，狼是所有社會的敵人，牠們連跟『自己人』作伴都沒辦法：就算我們看到好幾隻狼生活在一起，那也不是一個和平的社會，而是好鬥的烏合之眾，總是吵鬧不休，夾雜駭人的狼嚎。」這些文字同樣出自布豐手筆。

法國大革命為滅狼大業提供了良好條件：打獵不再是特權，一般民眾也有權屠殺狼隻，大家開始拚命滅狼。十九世紀是一個殺戮的世紀，火器和毒藥的使用極其普遍。據估算，法國的成狼數量在世紀初尚有五千隻，到了一九〇〇年已減少至五百隻。最新的發明：番木鼈鹼（strychnine）是一種無臭的毒藥，可造成窒息與心臟停止，最終導致死亡，讓滅狼工作大功告成。雖然一次世界大戰讓狼暫時獲得喘息，因為人類正在壕溝裡相互殘殺，但最後一群狼在一九四〇年左右倒下。二十一世紀初，狼靠著自然的力量重新在法國現蹤，對生物多樣性而言是個好消息，不過從每年可以合法宰殺超過一百隻獸類的法令看來，狼和人類之間還未簽下和平協定。

狼消失了，人類對野生動物的憎惡卻沒有消散。沒有狼了，沒關係，還有其他肉食動物可以去趕盡殺絕。下一個可能是水獺、猞猁，或是只能藏身於連綿山脈中的大型猛禽。紅狐（*Vulpes vulpes*）——溫和又纖細的「goupil」〔按：狐狸的法文舊稱」，同樣因智人的野蠻而受罪。只要搬出狂犬病和胞蟲症（échinococcose）就能為每年殺害超過五十萬隻狐狸找到理由[12]。其他小型肉食動物也落入相同的命運，包括貂、石貂、歐洲雪貂，當然還有獾，牠們都是人類無情挖地洞獵捕的目標。所謂「地下圍獵」（vénerie sous terre）指的是將獾和牠們的小寶寶困在地洞裡，再花上好幾小時把洞挖開，以類似大鐵鉗的夾頸鉗和夾腿鉗將牠們夾出來。一般而言，幼獾都會被活生生扔給狗吃。為什麼要這樣大開殺戒？就連河裡的獸族也未能倖免於人類的瘋狂。長期以來，人們都認定江鱈（*Lota lota*）是造成鱒魚日益稀少的元凶，因為牠們會吃鱒魚的卵，因而在一九六〇及七〇年代被參議院高等漁業諮詢會（Conseil supérieur de la pêche）列入以電魚方式大力掃蕩的對象。現在江鱈已是一種面臨滅絕威脅的物種。

後來獵狼團怎麼了呢？法國大革命時期一度廢除了，波旁復辟時期時則將先前的獵狼官改稱為獵狼團尉（Lieutenant de louveterie），但性質並未改變。儘管生態學在科學上有所進展，大量證據證明掠食者對生態系統的正面作用[13]，還是一點幫助也沒有。直至今日，獵狼團尉仍在執行任務，消滅野獸。《環境法》規定這些由省長任命的公務員必須在其監督下協助消滅國家認定有害的動物：狐狸、烏鴉、喜鵲，甚至也包括狼，雖然狼現在是受到保護的動物，卻再次命喪國家發射的子彈之下。「消滅」（destruction）一詞在《環境法》中俯拾即是，象徵著潛藏在字面之下人類與自然間的戰爭。

第五章　繼承戰爭與內戰

印加人的皇帝駕崩之後，往往會發生骨肉相爭之事。於是那些擁有正統繼承權的兒子不得不揮兵相向。空懸的王位令人加倍眼紅。人類的歷史可以說是一部繼承戰爭的歷史，也是內戰的歷史。領袖之死所掀起的腥風血雨似乎無人能夠平息。統治的終結開啟了一段動盪不安的時期，除非新主人勝出才能為之畫下句點。在許多動物社會中也是如此。當蜂后年華老去，管理蜂群的力量和權威都不如以往，年輕的蜂后們便摩拳擦掌等著取代牠。野心愈來愈熾熱，衝突似乎無可化解。在階級嚴明的社會中，高高在上的暴君永遠不能相信下屬。沒有什麼是天長地久，一切平衡都會隨外在條件而變動。維護地位是一場每天都必須面對的戰役，甚至不惜犧牲一些代罪羔羊，好讓自己的權勢更加安穩，也讓自己的臣民心生敬畏。

權力遊戲

螞蟻的社會大致可分為兩大類型。只有一個蟻后的稱為「單蟻后型」，有多個蟻后的稱為「多蟻后型」。在單蟻后社會中，每當蟻后陛下駕崩，通常不會有新蟻后取而代之，蟻群會滅絕，因為不會再有新的卵孵化來取代老去的工蟻了。在多蟻后社會中，多個蟻后能讓這種現象不會發生，卻也製造了別的問題，尤其是遇上繼承期的時候。但不論是哪一種社會模式，年輕蟻后的崛起永遠是件大事，草創期則會是一段轟轟烈烈的史詩。這個階段也是蟻群最脆弱的一段時期，原因在於掠食的威脅以及新興蟻群之間的激烈競爭。根據估算，一般而言，新創立的蟻群只有1%能存活下去。

在非常多種類的螞蟻中，創立蟻群的蟻后都很獨立。一旦懷孕，蟻后就會把自己關在一個房間裡，在沒有奧援的狀況下，單靠自己身上的能量養育產下的第一批卵。不過在這第一階段中，身為創始者的蟻后也可以選擇組成團體，分工合作建造蟻穴，合力照顧第一批卵，互相清潔身體或交哺（trophallaxie），亦即生活在族群內的個體互相交換食物的行為。這種合作的好處非常多。第一代蟻后在族群初始階段的存活狀況會比較好。牠們最早生下的一大批卵成長的速度會比獨自生活的女王更快，繼而讓蟻群更容易存活。建造、維護和保衛蟻穴不受掠食者和小偷侵擾的成本也可分攤出去。對第一階段的年輕蟻后來說，選擇合作顯得百利而無一害。不過月亮再美還是有陰暗的一面。當第一批工蟻登場，合作便無以為繼了。女王一隻接著一隻殞落，有的是因為彼此戰鬥，有的是死在工蟻手下，因為牠們會攻擊並消滅多餘的蟻后。到最後，能留下的只有一隻蟻后，牠是這場王位淘汰賽唯一的勝利者，所有死去蟻后的付出都由牠享受。

在這些爭奪王位者的殊死戰中，決定誰勝誰敗的關鍵為何？在一份二〇〇九年發表的研究中，布魯塞爾自由大學的塞吉・亞弘（Serge Aron）分析了五個黑褐毛山蟻族群中蟻后之間以及蟻后與工蟻之間的敵對關係[1]。黑褐毛山蟻（*Lasius niger*）是法國各地最常見的其中一種螞蟻。其蟻后可以活到二十九歲，蟻群中的工蟻可能多達五萬隻。蟻穴中都只有一位蟻后，但是新成立的蟻群由第一代蟻后聯合建立的情形可達18%。在工蟻出現之後，合作創建的統治者們減少到只剩一位女王的過程只需不到二十八天的時間！毫無例外，戰爭都是蟻后們自行開打的。戰鬥非常激烈，而失去手腳或觸角皆可能導致體弱者死亡。接下來，工蟻會開始攻擊受傷最嚴重的蟻后。體型最大、頭也最大的蟻后擁有明顯的優勢，雖然體型最小的一群最終還是能贏得三分之一的戰鬥。換言之，這不是單純比力氣大而已。

森尼斯長腳家蟻（*Aphaenogaster senilis*）也是一種屬於單蟻后社會的地中海螞蟻[2]，其蟻后更迭是透過分裂達成的。沒有蟻后的族群會很快培養出一位新的登基者，以確保蟻窩長治久安。研究者觀察到，工蟻平均會從已逝蟻后產下的卵中培育出兩隻新蟻后（最多五隻）。第一隻孵化的蟻后平均比另一隻或其他隻早上十七天，這項優勢讓牠成為強勢者。和黑褐毛山蟻一樣，年輕蟻后互相攻擊的狀況極其頻繁而且極端殘忍，不過贏的永遠是強勢者。那何必要有其他蟻后呢？多餘的統治者為第一位死亡的可能性提供了一層保障。第一位蟻后和其他蟻后孵化的時間差使牠在相互攻擊時受傷的可能性降低至最小。然而，如果牠在成長過程中喪命，後來孵化的蜂后之一便會取代牠。

在沒有王者階級的其他種類螞蟻中，牠們的蟻后原先都是工蟻。典型的蟻群統治者壽命很長，相較之下，由工蟻變成的蟻后永遠活不過兩年，因此蟻后經常更換。這類社會同樣沒有生殖者階級，所以這項功能往往也由強勢的工蟻承擔。方頭恐針蟻（*Dinoponera quadriceps*）正是如此，其雌性在身體構造上全都屬於工蟻。原則上，牠們全都能與雄蟻交配並產卵，實際上只有幾隻會被選上。這種階級差異是透過暴力，同時也是靠著結盟的力量而建立的，從屬的個體可能會幫助未來的贏家登基並坐穩寶座。

即使是法國人熟悉的家蜂——歐洲蜜蜂（*Apis mellifera*），為了篩選出唯一的蜂后，也少不了打打殺殺。正常狀態下，家蜂的族群只會有一位蜂后，但是在蜂群繁殖的過程中會培育出許多新的蜂后。繼位的過程分為兩大階段。首先，蜂群會培育好幾隻蜂后以確保群體得以延續，接著再透過一連串的一對一生死決鬥進行篩選、消滅多餘的蜂后。一七四一年[3]，法國博物學家荷內—安端・德・列奧米爾（René-Antoine de Réaumur）記錄了以下文字：「等第一位蜂后拿下她的王宮，取得帝國的權柄之後，第二順位的蜂后便會遭人民判處死刑，並當場執行判決。」雖然當時人們還不曉得這些行為的機制和原因，蜂后之間的戰鬥卻已經為人所知。有時候，決定誰成王、誰落敗的關鍵是年齡。馬蜂（guêpe poliste）是法國最常見的蜜蜂，牠們實行老人政治：等著上位的蜂后中，最慓悍的是那些最年長的，牠們把當不了蜂后的都趕了出去。在別種蜜蜂之中則是最年輕的最具優勢。不過，要想登上王位還是難免一戰。

王朝的榮耀與衰敗

對大多數社會性動物而言，個體及其位階的價值取決於力量以及有無能力建立和較弱小個體之間的支配關係。牠在階層社會中的位階只繫於自己與壟斷資源的能力。由於活得愈久，個體的各種能力會由盛而衰，支配者開始頻繁受到挑戰，並被更強的對手取代。這是一種很簡單的系統，確實能夠運作，但是缺乏穩定性，因為團體的領袖會頻繁更換。

另一種系統則比單純取決於體力的系統穩定得多。那就是像人類的王朝一樣建立在統治家族之上的系統。其社會位階不再依據個別表現而定。某些靈長類猴科動物和鬣狗的群體是由雌性統治。牠們會繼承母親的位階，形成母系統治家族，統治家族內儘管有強有弱，階級結構仍然固定不變，不會受個別特質的影響。在這種系統下，統治者的家系很少會變動，所以能出生在好人家是最重要的事。

兩位密西根大學的學者曾對他們追蹤二十七年的一群斑點鬣狗的歷史加以分析[4]。斑點鬣狗生活在雌雄混合的團體裡，當資源充足的時候，數量可達上百隻之多。母斑點鬣狗通常一生都待在自己的部族中，公鬣狗到了三歲性成熟的時候便會離開到別處去。如同我們在第二章看到的，母鬣狗比公鬣狗強勢，體格也比較強壯。所有鬣狗部族都是由數個母系家族組成，牠們會集體保衛共同的領域但各自覓食。鬣狗社會的位階分配由兩條鐵律決定：母親的地位永遠高於女兒，年輕雌性則高於較牠們年長的姊姊。這和許多動物的社會剛好相反，比如人類就是一例。在鬣狗社會中，愈年輕就愈有優勢。此外，母親、有時包括年長的女兒，都會在最小的妹妹和其他家族的個體發生衝突時提供支援。因此誕生於統治者家族的年輕雌性有一張很重要的王牌，讓牠們登上王位的時候能夠統治其他雌性。不過年紀輕還賦予牠們另一項特點，高位階的雌性生命中產下的後代比低位階的雌性多，原因自然是牠們比較早開始生育，而牠們的子女也比較容易存活下來。

代代相傳的權力與高位階雌性生理上的優勢使牠們能形成真正的王朝，長長久久統治各部族。舉例來說，上述兩位學者所追蹤的群體原本由多個母系家族組成，但是經過二十七年後，只剩下四支高階家族的成員。有些比較弱小的家族已經離開這個族群，到別處尋求更好的發展，有些就此斷了香火。這四支僅存的家系中，統治的王族自一九八八年到二〇一四年間由兩名雌性成長為二十一名雌性；與此同時，比較弱小的一支家系成員數量只增加了不到一倍。統治家族擁有的優勢與其他個體之間的落差愈來愈大，地位也愈來愈穩固。問題來了：為什麼低位階雌性不試著顛覆階級秩序，去挑戰高位階雌性的權力呢？為什麼比較弱勢的個體似乎對牠們的境遇逆來順受？或許是因為各家族內部的團結以及統治家族繁衍後代上的成功，而低位階家族成員數量實在太少，不足以挑戰現有秩序。如果反抗的勝算太小，很少發生也是很合理的。另一個原因則是維持現狀對大家都有好處，部族內部衝突造成的動盪不安可能會讓所有個體都付出代價，並削弱團體凝聚力。舉例來說，當位階秩序變動引發嚴重社會動盪，在這段期間，雌性之間頻繁的激烈鬥毆可能會導致牠們身受重傷，甚至沒有挑起紛爭的個體也會受傷。整個部族可能會深陷戰鬥的狂熱與蔓延的暴力之中，使團體面臨分崩離析的危機。因此，遭受池魚之殃的危險會使團體成員更願意保護現有秩序。不過，如果各項條件俱全，在爭端發生時，也可能有某些雌性決定站出來挑戰統治者並獲得勝利。

革命要成功的條件是什麼？每隻鬣狗開始想像如何推翻女王家族之前，都應該讀讀這篇內戰小指南。成功的原因主要在於反抗者之間能否結盟。因為單槍匹馬的力量很難打倒當權者，一定要建立起穩固、長久的聯盟關係才行。因此，會彼此支援的雌性更常發起政變，也更容易成功。一起承諾要聯合挑戰統治者的個體會願意相互支持。此一互惠原則會在一次次行動中得到強化。一種戰士之間的情誼讓牠們絕對不會孤身作戰。事實上，雖然斑點鬣狗的王朝制度製造了一種長期的不平等，並隨著一代又一代持續擴大，此制度本身卻並非不可動搖。追蹤鬣狗群體二十七年的結果顯示，每兩隻雌性中就有一隻在其一生中曾經歷過政變，而這類變動主要都是靠結盟實現的。

靈長類要革命

在動物世界眾多聯盟或合作的例子中，最常觀察到也最特別的就是靈長類[5]。蒙特婁大學的貝爾納．夏貝（Bernard Chapais）將這些結盟分為三種[6]。保守型結盟，其成員位階高於牠們的目標；投機主義型結盟，其中至少有一位成員的位階高於目標、一位低於目標；最後，革命則是所有結盟成員的位階都比目標來得低。

革命的案例十分少見。奪下老大的位子，總覺得太冒險。理論上，霸王愈強悍，就愈難推翻，但是統治者的地位愈是讓人眼紅，取而代之的利益就愈大。由此看來，革命是獲利可能性與可行性之間的取捨。因此很合理的，大家會等待最接近第二階級的個體發動革命，他們不太可能取代維齊爾（vizir）[1]成為新的維齊爾，但是距離也沒有那麼遙遠。假設我們在階級秩序中位於第三或第四級，如果只能靠前兩個階級慢慢失勢的話，要登上最高階是不可能的。在這套制度下，第二階級的角色十分關鍵。假如他們一直對首領忠心不二，結盟行動十之八九會失敗。假如他們決定背叛，就會確保自己在新統治者之下依然保有第二高的位階。因此第二階級往往握有通往權力之門的鑰匙。

研究者已多次觀察到黑猩猩在競爭成為「alpha 雄性」，亦即最高位階的雄性時，會出現這類結盟。在一份一九八三年的研究中，靈長類學家西田利貞（Toshisada Nishida）描述了「gamma 雄性」——位階排序上屬於第三級的雄性，以及第二級的「beta雄性」為了推翻雄性統治者所建立的聯盟[7]。十八個月過後，換成前任首領推翻成為統治者的第三級雄性，奪回權位，這次協助牠的還是同一位第二級雄性。在這兩個案例中，第二級雄性從來沒有變成最高位階的個體，但是能決定將權力交給誰的是牠。因為體格上遜於其他兩隻雄性，不論與哪一位王位挑戰者聯手合作都能確保牠第二級雄性的地位，至少比落入第三級好。著名民族學家法蘭斯・德瓦爾（Frans de Waal）[8]曾特別指出，在被圈養的黑猩猩中也發生過類似的位階反轉；在這個案例中，是第三級雄性和第二級雄性聯合起來殺死統治的領頭雄性，取而代之。在狒狒的世界裡，兩隻中階的雄性，也就是兩名叛徒可能會聯手以這類激烈手段推翻統治的雄性，只要牠們的力量加起來勝過對方即可。因此動物界的叛徒比起人類的背叛者——其中最聲名狼藉的就是猶大——可是有過之而無不及。中世紀的歷史中同樣充滿許多代表性的背叛事蹟和那些決定勾結敵人一起推

1 譯註：古代一些伊斯蘭教國家（主要是鄂圖曼土耳其帝國）的高官或首相，是君主統治上的顧問與助手。

翻領主的臣子，例如阿朗松伯爵（comte Robert d'Alençon）背叛了被稱為「無地王」的英格蘭國王約翰，把他的城鎮交給有「尊嚴王」之稱的法蘭西國王腓力二世（Phillippe II），好讓自己保有土地與地位。背叛無所不在，不管是在動物或人類世界，它劇烈衝擊現有秩序並帶來混亂。

在以母系家族為基礎的靈長類社會裡，革命似乎比較少發生，但是並非不可能。某些條件會導致革命，尤其是統治的雌性遭到孤立的時候。在圈養的日本獼猴群體中[9]，學者將位階最高的雌性與其親屬分開，但是讓牠和一群家族地位較低的雌性放在一起。這位統治者幾乎日日夜夜都遭到從屬者的聯手攻擊。統治的雌性年紀愈輕，遭到攻擊的危險就愈大。愈多下級個體加入聯盟，成功的機會就愈高。因此，靈長類雌性結盟十分罕見的原因或許不在於從屬者沒有能力推翻統治者，而在於適合發動革命的情境幾乎不會發生，因為統治家族成員之間的血緣連結確保了這些母系家族的團結一致。

雌性的反抗

靈長類和人類一樣，雌性一般來說都比雄性矮小。這種雌雄二型性對兩性之間的關係——尤其是彼此的衝突糾紛——有很大的影響。由於體型上的劣勢，雌性攻擊雄性的情形相對罕見，大多只在面對威脅的時候才會發生。為了打敗雄性，雌性必須彼此聯手合作。多數情形下，雌性都是為了保護自己的子女而力抗對方殺害幼兒的行為，不過也有可能是為了保護團體中的其他成員，或驅趕一隻混進來的陌生雄性，因為牠可能會帶來危險，尤其是危害最幼小的個體。

二〇〇六年，八隻在加彭的法蘭西維爾過著半野放生活的母山魈（mandrill）攻擊了一隻公山魈[10]。這隻公山魈之前和一隻雄性首領激烈對戰後元氣大傷。母山魈們趁著牠正虛弱，對牠又咬又抓又打，還拉扯牠的四肢，在牠無法自衛的這段期間騷擾牠。學者注意到參與攻擊行動的雌性和那兩隻對戰的雄性之間沒有關係，牠們也不是為了保護幼兒或親屬。對牠們來說，動機顯然就是「復仇」，這在其他靈長類身上也曾發生過。這隻被眾母山魈暴力相向的公山魈之前對該團體的成員極其粗暴，不論公的、母的還是牠們的子女全都備感威脅。看來母山魈們組成了一個聯盟，並逮到一個好時機，在自己沒有直接遭遇危險的情形下發動攻擊。經歷這次攻擊後，公山魈跑到離群體遠遠的地方休養，也避免再次遭受攻擊。既然這種狀況會發生在山魈身上，證明雌性對其群體有某種控制力，也凸顯聯盟在靈長類社會組織中的重要性。

殺手烏鴉

前面介紹過的保守型結盟在母系家族中十分常見。出生自高階家系的雌性很容易串聯起來保護牠們的地位與優勢。不過自然界中也有些彼此沒有血緣關係的統治者會聯合起來懲罰、甚至殺害其從屬者。

在法國各地很容易看到小嘴烏鴉（*Corvus corone*）。未發育成熟和年輕的成鳥會先過上三到五年的團體生活，然後再為自己找一個伴侶和一塊可以定居的領域。

這些團體皆有一定規模，且有複雜的社會關係與相當明確的社會階層秩序。二〇一九年，生物學家班乃迪克・霍特曼（Benedikt Holtmann）曾記錄到統治階層的烏鴉聯合起來騷擾、虐待、最後殺害一隻下級烏鴉的情況[11]。要在大自然中測量評估鳥類的行為幾乎是一項不可能的任務。因此他的研究是根據五隻從鳥巢中捕捉後由人工飼養長大的雌性烏鴉，牠們腳上都配有可以辨認身分的色環，彼此的互動也用錄影拍攝並記錄下來。編號C45的雌鳥一直都是整個團體的領導者，其下則是雌鳥C59。在紀錄中，研究者多次記錄到兩隻領導者對一隻位階較低、腳環編號C58的雌鳥發動攻擊。每次要攻擊時，兩隻統治階級的雌鳥會利用一些特殊的鳴唱來溝通以同步採取行動。這些攻擊行動的操作模式一概相同，分為三個階段：統治者邀請一隻第二位階的雌鳥和牠組成聯盟，追逐目標，然後攻擊牠。假如其中一隻攻擊者把目標追到地面，成功讓牠無法動彈，另一隻就會立刻前來會合，用鳥喙狠狠啄受害者一頓。

頭幾次攻擊時，雌鳥C58成功在第二隻攻擊者還沒抵達之前逃離魔掌。然而最後一次攻擊時，這隻受害者的動作不夠快。那兩隻統治階級的烏鴉用爪子緊扣住牠，讓牠無法動彈，然後毫不留情狂啄牠的頭。這隻屬於第三階級的個體於是大聲啼叫，試圖藉著發出持續好幾秒的叫聲、用嘴啄其中一隻攻擊者或拉扯牠翅膀上的羽毛來阻止牠們。兩隻攻擊者緊緊抓住那隻可憐的雌鳥久久不放，從頭到尾不斷啄牠的頭。即使這隻受害者最終逃脫了，隔天早上還是被發現已經身亡。頭上的嚴重創傷極可能是牠喪命的原因。

在這五隻烏鴉的團體中，每隻個體之間都沒有血緣關係。牠們的性別都相同，對這種行為毫無經驗，因為牠們被從鳥巢中抓走的時候還很幼小。換言之，牠們會這樣聯合攻擊不可能是因為跟在親鳥身邊或從社會中學習而來。唯一的解釋：這種結盟行為源於統治者為了確保其社會優勢長久不衰而採取的一種策略。至於第二階級的母鳥，牠參與攻擊行為的動機可能是害怕拒絕之後遭到報復，或是希望未來基於互惠關係可以獲得好處。學者也在德國慕尼黑一個有七隻野生烏鴉的群體中觀察到聯合攻擊的行為。其流程幾乎一模一樣，先由第一隻個體發動攻擊，另外三隻隨後加入。由此可知，烏鴉有能力操控社會互動，並誘使其他個體一起參與懲罰性的出征行動。

槍蝦的繼承戰爭

在海綿密密麻麻的孔道間，槍蝦過著悠閒靜好的生活。有這座城堡的保護，似乎沒有任何事物可以破壞牠們的寧靜。試圖入侵者會被聖殿的守衛驅逐。飲食方面，由於生活在宿主家牆上的細菌便足以供給，槍蝦也不必離開牠們的堡壘出去覓食。然而從幾天前開始，工人們躁動不安，女王駕崩，而決定未來統治者的人選勢必要經過一番廝殺。在巴拿馬溫暖的海水中，一群美國研究者在艾梅特·達菲的帶領下[12]試圖了解槍蝦女王逝世後王位繼承的過程。在許多真社會性的昆蟲中，工人是沒有生殖能力的，而為了將來需承擔的命運著想，新的女王自成一個階級，必須和其他個體分開養育。不過在生物史上，在翅膜目（螞蟻、蜜蜂……）、等翅下目（白蟻）、蚜科（蚜蟲）及纓翅目（Thysanoptera）等許多昆蟲的世界裡，真社會性也經歷過幾番演變，但這不代表伊莉莎白合鼓蝦（*Synalpheus elizabethae*）也是如此。對於這種巴拿馬的物種，一些學者曾為了實驗目的而調整各群體中的社會結構，想了解牠們的王位繼承制度。在被刻意拿走女王的群體中，其中一隻雌性工蝦為了彌補王位的空缺，變成具有生殖能力的蝦子。在對照組的群體中，原本的女王留在原位，沒有任何一隻雌性工蝦進入性成熟期。結論：工蝦會保留牠們所有的生殖潛能，如果有可生育的女王媽媽存在，牠們就不會變成生育者。下一步需要了解的，就是讓一隻平凡工蝦變成新女王的機制。在實驗過程中，研究者們注意到沒有女王的蝦群中，工蝦相互攻擊和受傷的情形增加了，而最後只有一隻雌性工蝦發育成熟並強壯到鎮得住牠那些活力旺盛的小妹妹們。換句話說，王位繼承的問題是經由衝突解決的，這些衝突激烈到足以在個體之間分出上下位階關係，卻又不至於激烈到造成死亡。這段不穩定時期會持續到統治者出現為止。另一個值得注意的事實是，蝦群的規模愈大，女王的數量就愈多。這代表女王能力有限，無法阻止工蝦取代牠去向異性求歡，不論能力指的是靠牠的行為還是化學訊號。一旦數量太多，靠一隻女王蝦也無法看住所有覬覦王位的個體。為了不讓蝦群因為內戰而自我毀滅，由幾隻女王分攤生育工作或許是個解方，有助減少女王與工蝦間以及工蝦之間的衝突。這種繼承戰爭的現象在另一種動物身上也看得到，而牠們的外表看起來和這些甲殼類天差地別。

裸女王

裸鼴鼠是非洲地下嚙齒類（包含兩種稀有的真社會性哺乳類）中獨特的一群動物。達馬拉蘭鼴鼠（*Cryptomys damarensis*）和裸鼴鼠（*Heterocephalus glaber*）棲息在兩個完全不同的區域。前者生活在納米比亞和安哥拉，後者則在東非的乾旱區域，包括衣索比亞、索馬利亞和肯亞。裸鼴鼠最為出名，因為大家都知道牠那完全光滑無毛的身體，也因為牠非常長壽、沒有痛覺，而且對疾病的抵抗力很好。裸鼴鼠的群體通常有七十到三百隻個體，並有一種相當特殊的分工方式。體型小的個體負責維護族群的各項工作與食物供給，體型較大的個體則扮演類似軍人的角色，而唯一有繁殖能力的雌性，亦即女王，會和一至三隻有繁殖能力的特定雄性交配。群體中的其他成員不分性別全都無法生育，但並非沒有繁殖能力。是女王藉由反覆的攻擊行為抑制了牠們生育上的生理作用。不過在女王死亡或消失之後，這種生育抑制的作用是可以反轉的。

倫敦動物學會的克里斯．福克斯（Chris Faulkes）和法蘭克．克拉克（Frank Clarke）曾在一九九七年詳細研究裸鼴鼠群中女王繼位的過程[13]。女王消失會引發嚴重社會不安與個體間大量的攻擊行為。一脫離女主人的控制，上層的雌性便展露出牠們的野心，牠們之中將有一位會成為未來的生育者。為了決定未來的統治者，這些雌性會投入激烈的戰鬥，至死方休，只為奪下那空懸的王位。不過攻擊不只發生在牠們之間。高位階雄性在繁殖方面往往十分積極，牠們也可能遭到殺害，因為如果牠們和其他在繁殖方面活躍起來的雌性交配，對未來的女王便形成威脅。處於性活躍狀態的雌性只能有一個，如果非得除掉雄性才能澆熄大家的欲望，這麼做也算值得了。當一隻新的雌性戴上王冠，其他個體也願意遵從牠，社會秩序便重新建立起來了。一旦牠能夠重新對從屬的雌性施加抑制生育的作用，敵對與衝突就會開始減少。

在動物界，即使是最穩固、以母系家族為基礎的系統，仍會經常遭遇挑戰，甚至會發生統治者被趕下王位之事。革命與繼承戰爭的存在告訴我們，動物和人類一樣，都不會輕易對既有秩序照單全收。

高山牧場上的女王之戰

嚴格的位階秩序和支配關係並不是野生動物的專利。在人類馴養的牛群中也存在社會秩序，並且對團體的凝聚力有舉足輕重的影響。我們現在所看到不同種類的牛，其祖先在一萬年前被人類馴服，屬於有蹄類的牛科，包括亞洲水牛和非洲水牛這兩種野牛，生活在加拿大「大北方」（Grand Nord）和格陵蘭的麝牛，還有中亞高原上的犛牛。野生物種的雄性、雌性和幼獸都生活在群體裡，牛群的大小則隨環境與可取得的資源而變化。不過在家牛的牛群中，公牛漸漸變得不重要，因此位階關係主要表現在成年雌性身上。

馴化的原則是挑選飼養者想要的表現型、生理與行為特徵。大多數狀況下，性情溫馴都被視為一項重要特質，因為攻擊性低又容易訓練的動物比易怒好鬥的受歡迎。不過對有些牛而言，攻擊性強卻是挑選的重點。布拉瓦（Brava）和卡馬格（Raço di biou）這兩種牛就是如此，牠們的用途是在鬥牛場上投入鬥牛（corrida）或卡馬格式鬥牛（course à la cocarde）。但不只牠們，還有瑞士高山牧場上的埃朗牛（Hérens）和埃沃林牛（Evolène）也是。這些瑞士牛會做出比其他種類的乳牛或授乳牛更明顯的打鬥動作。在登上高山牧場的途中，母牛會以相當龐大的群體型態移動，而群體中的統治關係是依據雌性的實力強弱決定的。戰鬥時，牠們會以頭對著頭，角對著角。牠們很少受傷，因為只要有一頭母牛撐不下去轉身離開，戰鬥就會停止。在一般狀況下，夏季放牧時，統治階級的母牛可以優先享用最好的草地。所以這不只是單純的競技，這些關係會形塑牛群的社會組織與利用資源的方式。一九二〇年代，這些衝動急躁的年輕母牛做出的驚人之舉讓牧民們產生為牠們安排戰鬥的想法。不是那種生死決鬥，而是錦標賽：透過一系列對戰來選出高山牧場的女王。這些錦標賽現在成了觀光賣點。母牛會依據年齡和重量分組，在鬥牛場上對戰，趕牛人會全程監督以防牠們受傷。每個組別的女王會在瓦萊州（Valais）的阿普羅茲（Aproz）舉辦的總決賽中相遇，以此決定誰是「女王中的女王」（reine des reines）。母牛對戰的傳統不只瓦萊州有，現在在奧斯塔谷（vallées d’Aoste）和夏慕尼（Chamonix）也看得到。引入法國沙特勒茲（Chartreuse）的埃朗牛中出了一隻瑪多娜（Madone）；這位女王一生中從未輸過任何一場戰鬥，即使是面對瑞士女王與義大利女王的國際性對戰也不例外。

第六章　自然界中的社會排除

動物也有社會排除這種行為。做法有兩種，可能是排擠，亦即單純無視、閃避某個個體，可以說是一種自然的不信任；也可能發展為狹義的社會拒斥，亦即驅逐一個個體，這往往會伴隨暴力的攻擊行為。無論哪一種情形，這種行為都是由團體成員共同籌畫，或至少是一起對另一個個體實行的。

社會排除的標的是誰？行為和表現型「不正常」的個體，或是可能被認為奇怪或討厭的對象。這些古怪之處可能是遺傳或環境所致。面對這些古怪，群體成員很容易就想排除「異物」以保護自己。社會排除具有保護群體、維護成員的安全與社群的和諧等功能[1]。如此看來，排斥某些個體以及代罪羔羊的思維對於維繫社會向心力具有關鍵作用。就像人類設置監獄的目的在於保護無辜者不受行為脫序之人所害，而對於這些脫序之人，理論上也是為了提供他們矯正的機會。

白子的情形

白化症是一種遺傳疾病，會導致毛皮、甲殼或羽毛發生色素脫失（黑化症正好相反，是黑色素過多，患有此症的黑色花豹就是最知名的代表案例）。大多數的脊椎動物都可能罹患，但向來屬於特例。

在野外，染上這種病症的個體通常壽命都不長，因為牠們無法隱藏在環境中。一隻太顯眼的獵物很快就會遭到掠食，而一隻得白化症的掠食者也很難神不知鬼不覺捕獵。不過如果周圍環境是可提供遮蔽的茂密植物，好比潮溼的森林，加上食物來源充足的話，白化症對掠食者的影響或許比獵物來得小。

白化症還會造成其他難題。對人類來說，我們知道白化症患者比較難和人建立友誼、締結婚姻或在職業生涯上獲得較好的機會，這代表一種強烈的社會拒斥。但是在大自然中又如何呢？由於白化症案例稀少，很難研究，但也不無一些相當有意思的觀察。一九七八年，彼得・羅伯茲（Peter Roberts）敘述他的駐地助理崔佛・瓊斯（Trevor Jones）在位於愛爾蘭海的巴德錫島（Bardsey Island）觀察到的現象。他看到三隻歐洲暴風海燕（*Hydrobates pelagicus*）在追逐、獵捕一隻幾乎全身都色素脫失的個體[2]。相對的，自二〇〇〇年代以來，在太平洋的鄂霍次克海及白令海觀察到白化症虎鯨（*Orcinus orca*）的報告非常多。在二〇一六年發表的研究中，依據任教於莫斯科大專院校的奧爾嘉・菲拉托娃（Olga Filatova）統計，該區域至少有五隻白化症個體，其中包括成年雌性與幼鯨[3]。這類個體按理說生存條件不佳，卻能找到這麼多例子，十分難得。被觀察到的時候，牠們幾乎都是和一些色素分布正常的個體在一起團體行動，對於這種集體捕食的動物而言，這是保障其生存極為重要的條件。所以如此看來，至少虎鯨的社會沒有排斥白子。其他鯨豚類的物種如瓶鼻海豚（*Tursiops truncatus*）或熱帶斑海豚（*Stenella attenuata*）也是如此。

一個可能的原因是這幾種動物不需要、或鮮少使用偽裝這種捕食策略，因此色素較少的個體對群體而言不會成為阿基里斯之腱。

鯰魚的社會排除

歐鯰（*Silurus glanis*）讓科學家跌破眼鏡的地方愈來愈多了。除了那身長可達三公尺、體重可達一百三十公斤的巨大體型使其成為世界上最大的淡水魚之一，近來因為在法國河川中大量繁殖，也讓科學家獲得許多前所未有的發現。雖然大家都知道幼小的鯰魚會集體行動，但十五至四十五隻身長一至二公尺的成年鯰魚一起游在隆河裡，就讓人對牠們的社會慣習充滿好奇了。

繼發現鯰魚中有白化症個體的存在之後，兩位來自布拉格大學的學者和一位加拿大亞伯達大學的研究者進一步研究白化症對歐鯰的影響[4]。他們在實驗室中做實驗，要看看好幾組由八隻鯰魚組成的群體是否會接受或拒絕一隻新來的個體。這隻新來的可能是一隻有典型表現型的鯰魚，也可能是一隻白子。測試的結果非常有意思。研究者發現，新來的白子總是離魚群比較遠，色素正常的個體則比較近。綜觀所有實驗，患有白化症的魚完全被孤立的機率是其他魚的兩倍。也就是說，白子比「正常」個體更容易被排擠。另一方面，如果以個體之間的距離來衡量鯰魚群體的凝聚力，則白子出現時凝聚力會提高，這可以解讀為群體面對一隻不同的同類時做出的反應。

這種社會排除的行為會讓色素量正常的個體把一隻太容易被看見、可能讓大家被掠食者盯上的同伴排除在外。因此排擠白子的原因可能是看到一個太顯眼的怪東西所產生的恐懼反應。

逃離疾病

社會性動物通常非常容易受到寄生蟲感染。團體生活、同類間距離緊密且頻繁接觸，會導致病原體很容易傳播。這種壓力使宿主身上產生不同的防衛機制，主要表現在行為上，其目的是減少寄生蟲的散播。這種「行為免疫」形成了第一道防衛屏障，讓宿主盡可能減少與寄生蟲接觸的機會。因此，遠離被寄生蟲感染的個體顯然非常有利。此外，我們已經知道病原體不僅可能影響被感染者的型態、行為，還包括發出的化學信號和氣味。健康個體可以利用這些珍貴的指標讓自己與對方保持距離。

山魈身上的危險氣味

對山魈（*Mandrill sphinx*）來說，抓蝨子是一項非常重要的活動，而對大多數靈長類也是如此。好整以暇互相幫忙清潔和理毛不只能強化個體之間的社會凝聚力，還能大大改善團體成員的衛生狀況。沒有什麼比旁邊的人幫我們把背上蝨子挑掉更有用的事了。就像許許多多的行為一樣，抓蝨子也有它黑暗的一面。除去同伴身上的寄生蟲或替他撓撓頭絕對會讓你有接觸到他身上病原體的機會。要是太喜歡和同伴黏在一起，下一個被傳染的很可能就是你。於是問題來了：山魈如何成功避免染上疾病？

山魈是一種令人過目難忘的猿猴。雖然山魈長得像狒狒，但是多彩而獨特的臉部使牠們在靈長類中與眾不同。牠們火紅的眼睛上方是一道白眉，令眼神看起來更加深邃。在眼睛下方，一道紅色向下延伸到鼻孔，左右兩邊則是兩塊藍色的隆起，最下方則是淡黃色的鬍子。牠們的屁股也是一場色彩的嘉年華，從藍色到紫色應有盡有。在雌性眼中，這些顏色全都是判斷成年雄性優劣的指標。山魈就像生活在蘇丹的後宮裡，以一隻或數隻領頭雄性為中心，旁邊圍繞著雌性與較幼小的個體。雖然只有這些雄性能夠繁殖後代，社會生活的組織卻掌握在雌性手中，牠們的家系由祖母／母親／女兒一脈相傳，關係緊密且團結一致。

有一些學者很想知道寄生蟲負荷量的不同會如何影響個體之間的關係[5]。他們的研究目標有兩個：證明山魈在抓蝨子的時候會展現個人偏好，這些偏好或許代表牠們會避開染上某些寄生蟲的同類，一旦能確定這件事，另一個目標就是確定用來分辨被感染的同類的指標為何。

研究者花費兩年時間追蹤二十五隻山魈，研究牠們的社會互動，並分析牠們的糞便以判定感染寄生蟲的狀態。研究結果確認了山魈在互相理毛的時候會避開感染腸道寄生蟲的同類。這是對有寄生蟲的個體實施的一種暫時性社會排除。這種排擠是針對經糞口途徑，也就是在同伴彼此接觸的時候從被感染個體的糞便進入健康個體口中的寄生蟲。眾所周知，這些寄生蟲的致病性可能很強。牠們會造成致死的痢疾，對懷孕的雌性則有導致流產的危險。此外，這些寄生蟲會改變宿主糞便的氣味，山魈便利用氣味來避開感染寄生蟲的同類。說是一種危險的氣息也不為過。

類似的行為在美洲牛蛙（*Rana catesbeiana*）身上也能觀察到。類似並不是指牠們的蝌蚪會花很長的時間撫摸彼此的身體，但牠們一樣會避開長了帶病原的真菌的個體，而這種真菌（即土生念珠菌，*Candida humicola*）會導致念珠菌感染，那是一種會導致生長遲緩與宿主死亡的疾病。和山魈一樣，念珠菌的傳播是經由攝入排泄物中的物質以及含有病原體細胞的水。生存在體內的寄生蟲沒有太多管道可以離開宿主身體，如果想出去外面冒險，糞便是一種很方便的管道。在這個前提下，避開帶菌個體活動的區域就可以降低感染風險。透過一項研究已可證明，健康個體之所以會避開被感染者，並不是因為後者的行為發生改變，而是偵測到一些反映長寄生蟲的個體已經被感染的化學信號[6]。

因為預見感染風險而加以驅逐

眼斑龍蝦（*Panulirus argus*）是一種社會性甲殼類動物，生活在海底的牠們會共享同一個掩蔽處。距離如此緊密的環境導致病毒很容易傳播，包括一種致命的病毒PaV1。科學家觀察到，在大自然中，93％被感染的年輕龍蝦獨自生活，而健康的龍蝦中只有44％這麼做[7]。唯一的解釋：牠們使用了一種很有效的策略，也就是避開被感染的個體。學者因此很好奇龍蝦是不是能預知危險，換句話說：是不是能在牠們的同類受到感染前就辨認出牠們身上已經帶有病毒。遭到PaV1病毒感染的可憐龍蝦經過六週之後會出現第一批症狀，經過八週之後開始有傳染力。大多數健康龍蝦會在帶有病毒的同胞被傳染到的四週後開始避開牠們，此時第一批症狀還沒有出現，所以也還不可能傳染。這種排擠行為讓健康龍蝦有辦法限制某種嚴重疾病在牠們周圍自然環境中傳播的範圍。和前兩個例子一樣，學者認為這些龍蝦是透過化學信號來判斷感染的階段。

對脫序行為的排斥

不管是哪一個社會，做出脫序行為的個體都會製造不安並擾亂既有秩序。偏離集體規範，不論是因為做出極端行為或偏激選擇，因為精神障礙或肢體殘缺，都是人類出現排除行為的常見原因，不過其他動物又是如何呢？我們知道黑猩猩會排斥行為脫序的個體。發生在不同環境下的兩種情況證明了我們的近親也會做出這種行為。

一九六六年，在岡貝國家公園裡，珍．古德正在追蹤的猿猴群體爆發小兒麻痺症流行[8]。當時研究者利用水果將那些靈長類引誘到營地裡，希望能更仔細分析牠們的行為。好幾隻得病的猿猴有移動上的困難，一些肢體動作也變得不正常。其他健康的猿猴絕大多數都會保持距離，避免進入那些可憐的病患周圍三公尺以內。麥桂格（McGregor）是一隻兩腳已經失去功能的老年雄性，牠獨特的遭遇帶給我們很大的啟發。這隻猿猴單靠手臂的力量在地面上吃力移動，兩腿拖在身後，像兩團拖在地上的沈重包袱。除了肢體癱瘓，牠還開始失禁，身邊總是旋繞著上百隻蒼蠅。珍．古德和她的團隊花了六天時間觀察老麥和其他猿猴的互動。三十二隻曾與牠擦身而過的黑猩猩中，大多數對牠最佳的反應是無視，最差的則是閃避；當這隻又老又病的公猩猩少數幾次想要加入團體理毛活動時，得到的反應也是如此。只有四隻公黑猩猩曾經靠近到可以摸到牠的距離，而其中兩隻的動作具有攻擊性，代表極為煩躁不安。帶著害怕的扭曲表情，近距離觀察麥桂格之後，這幾隻比較大膽的公黑猩猩撲向彼此懷裡，誇張地互相輕拍，試圖讓彼此安下心來。唯一一隻願意待在病患身邊的是漢普瑞（Humprey），那是牠的親姪子，而牠會不時鼓勵老麥動一動，邀請牠跟在牠身後走一走。其他雄性和牠的互動則明顯反映出遇上古怪行為時的恐懼。就像一個團體會因為怕集體被傳染而躲避生病的個體，同樣的原因也會驅使牠們逃離有脫序行為的個體。

為了促成合作而施加懲罰

有兩種方法可以促使團體成員相互合作，並鼓勵牠們遵守共同生活的規則。一種是稱讚、鼓勵願意合作的個體，一種是懲罰、不鼓勵那些不接受和違反規則的人。當然，這兩種選項並不互斥，我們也可以合理假設，許多社會性動物都會使用這兩種方法。在人類社會中，當有人違反法律時就會被處罰，例如駕照被吊銷，或因犯下重罪而被褫奪公權。

在各式各樣的懲罰中，社會排除可視為一種用來懲戒偏離「規範」之個體的極端手段。終生流放的目的一方面是讓搗亂者遠遠離開以保護團體，同時也是為了殺雞儆猴。這類例子在人類歷史上比比皆是。中世紀時，「皇帝禁令」（mise au ban）是一種由神聖羅馬帝國皇帝施加的命令，可剝奪一個人的權利，並允許任何人攻擊他的人身與財物。不過，動物也會用這種方法解決問題嗎？兩位日本學者利用模型研究的結果顯示[9]，一個社會中很容易就會出現社會排除這種行為，原因有好幾個。驅逐一個個體可以為施加懲罰者帶來好處，使他有動機驅逐那些犯錯者。此外，如果驅逐所得到的好處會和大家分享，其他成員就會更願意合作，也更相信自己能分到一杯羹。成員愈少，每人能分到的餅就愈大塊。不過，社會排除也可能反而損及生產力。

我們還是以黑猩猩為例：黑猩猩統治者對從屬者的處罰與攻擊性行為十分頻繁。雄性領袖們甚至會聯合起來驅逐一個不服從禮儀規範的同胞。舉例來說，在一九九五年，一個日本團隊記錄到黑猩猩群中有一隻年輕雄性被八名成員組成的聯盟驅逐[10]。這隻名為吉巴（Jiba）的黑猩猩可能是因為做出不當行為而引來如此粗暴且猝不及防的對待。在黑猩猩的世界，團體成員之間溝通所使用的各種聲音中，有一種非常有特色的低沈、快速的喘息聲，象徵著對雄性首領的服從。吉巴不願意發出的就是這種基本的叫聲，而且還不只一次。於是他遭到的報復就是被一些雄性從屬者給惡狠狠趕出去。這一方面是要讓牠知錯並施以懲罰，另一方面也是為了做給首領看。不過，這種情形在黑猩猩當中還是十分罕見。畢竟若要保衛領域不受鄰近族群的侵擾，維持群體的完整有其必要性與優先性，而且打團體戰的時候，每一名戰士都非常重要。這就是為什麼這些雄性猩猩實施的社會排除是暫時的。不過，年輕的吉巴得經過三個月以上的流放生活，趁著雄性首領換人的機會才得以重返群體。如果雄性黑猩猩看起來還算好說話，雌性黑猩猩就難纏得多了。牠們會優先與親戚結盟來驅趕或消滅一隻孤立無援的從屬雌性，藉此減少競爭資源的對手。這種雄性與雌性行為上的差異在人類身上也見得到，如同眾所周知，女孩往往比男孩更常使用社會排除這種手段[11]。

代罪羔羊的現象

拉封丹（Jean de La Fontaine，一六二一－一六九五年）的寓言《得到瘟疫的動物們》（*Les animaux malades de la peste*）是一則悲傷的小故事，讓人聯想到代罪羔羊這種現象。透過故事的五個段落，作者將這種集體策略的原動力表現得淋漓盡致，而這種策略的目的就是將所有過錯不分青紅皂白全推卸到某一個人身上。在這篇寓言中，驢子——也是整個故事中唯一的植食性動物——由於飲食行為凸顯出其他動物全是肉食動物，遂成為整個群體最理想的箭靶。在狼發表了一番言論之後，驢子——「這禿驢、這敗類，一切災禍莫不是他帶來的」——被指控為招來瘟疫的禍首，還被判處死刑。

並非每個社會群體都會發生代罪羔羊的現象。雖然在大多數人類社會中會一再發生，其他動物的情況卻少有研究。根據社會心理學的研究結果，當一個群體相當長一段時間承受著某種對集體造成威脅的壓力，那麼群體便可能想把成為代罪羔羊的那個對象當成種種問題的最佳解藥。當個別的暴力被引導到單一個體身上的時候，這個族群成員之間的連結會得到強化，甚至會建立起新的連結，研究集體生活的專家湯姆．道格拉斯（Tom Douglas）稱之為「協作式對抗」（résistance collaborative）[12]。會落入代罪羔羊的思維也可能是因為團體成員面對他們無法對抗的強勢個體時感到挫折。於是牠們將自己的攻擊性朝一個從屬者發洩，例如一個年輕幼小或新來的個體。無論是什麼身分，當他身不由己扮演著沙包的角色，這隻代罪羔羊會讓共同體成員的連結變得更緊密。一如知名人類學家勒內・吉拉爾（René Girard）寫下的那句至理名言[13]：「整個宇宙擠滿代罪羔羊。」在一群人、一個團體、一個部族中，似乎每隔一段時間就會出現單一成員遭受集體憎惡的狀況。弔詭的是，討厭一個成員未必會導致他被驅逐。代罪羔羊的用處就在於他的存在讓團體更團結一心，一旦少了他，就會破壞整體的凝聚力。如果想要確認動物界是否存在代罪羔羊，就必須長期追蹤同一個群體，也要能辨認每一個成員的身分。因此目前記錄得最清楚的案例都是家畜，這也就可想而知了。

家畜的案例

所有母雞的飼主都很清楚。農舍裡的生活並不是一條靜靜的長河。在雞舍裡，幾隻公雞和母雞像主子一樣統治著，其他的雞則互相監視和防備。保護自己的位階很重要，而新來的未必總是受到歡迎。我們常常看到母雞緊追著新生的小母雞不放，不斷啄牠們的頭，不讓牠們靠近食物。這種騷擾方式隨時可能會造成受害者死亡，只要不讓對方有逃脫的機會就有可能。社群中只要發生一點混亂就可能引發代罪羔羊現象，讓舊有成員能釋放壓力，也避免演變為無政府狀態。

牛也會有類似的行為，通常是因為飼養場的生活條件帶給牠們很大的壓力[14]。密度太高是主要原因之一：統治者與從屬者之間無法維持社交距離，容易誘發攻擊性。這些動物也可能開始出現異常行為，那代表牠們承受巨大壓力。好比在只有公牛的群體裡可能會觀察到騎乘行為。這種模仿性交的姿勢可能會針對特定個體，亦即群體中的代罪羔羊，如果飼養者不介入的話，可能會導致牠受到嚴重傷害。

食蟹獼猴的群毆行為

食蟹獼猴（*Macaca fascicularis*，又稱馬來猴、長尾獼猴）雖然被取了這樣的名字，但牠們並不吃螃蟹。牠們是一種雜食性、有什麼吃什麼的猴子。由於失去天然棲地，牠們只好往人類和城鎮所在的地方移動。這種獼猴也被稱為爪哇獼猴（macaque de Java），許多關於社會組織、個體關係與攻擊性互動的民族學研究都以牠們為對象。在其中一份研究中，德瓦爾揭露獼猴群中也有代罪羔羊[15]。這位知名靈長類學家對衝突關係非常有興趣，他藉由細緻的觀察，並依據參與其中的團體成員數量，試圖界定各種互動型態、其本質與發展方向。他特別注意對特定個體所為的行為，不論該行為是同時發動或間歇出現。例如他在研究中指出，該猴群中有兩隻獼猴成為敵對關係目標的比率分別是50％及19％。他還指出食蟹獼猴天生喜歡加入攻擊代罪羔羊的聯盟。如果有兩個以上的攻擊者在咒罵、指責，那就讓牠們有了加入的動力。這種和大家一起群毆被優先選出來的代罪羔羊個體的癖好雖說明了代罪羔羊的存在，但似乎還是讓人覺得不明就裡。

第七章　講和，尋求解決衝突的非暴力手段

一本講述戰爭自然史的著作豈能不談論和平。既然所有衝突都得付出代價，如果預期攻擊行為不會得到好處，那麼動物就會設法避免衝突。因此在許多動物的世界裡，最不會爭吵不代表就必須任拳頭最大的成員擺布。這也解釋了為何比起獨居生活，動物通常會選擇、也比較喜歡過集體生活，縱然有群毆這種行為存在。不過，創造和平而非戰爭的必要條件是什麼？

支配還是混亂

在一九五四年發表的小說《蒼蠅王》中[1]，英國作家威廉·高丁（William Golding）想像一群孩子在飛機失事後獨自待在一個太平洋島嶼上。沒有任何大人活下來，他們必須打造自己的社會生活。這些孩子做的第一件事就是選出勞夫（Ralph）為領袖，他代表秩序、安全，也代表自由。在海灘上，大家順利決定好如何安排事務，理性似乎戰勝了情緒。當霸道的孩子傑克（Jack）跟勞夫意見不合的時候，和諧的氣氛就被打破了。秩序井然的社會於是變成野蠻世界；失去秩序，人類回歸野蠻動物的自然狀態，原始本能壓倒一切，和平消失無蹤。幸好威廉·高丁所說的故事不適用於動物界，現實中動物遠遠沒有那麼野蠻。自然狀態並不是一個沒有秩序的狀態。

事實上，不同的社會型態下會有複雜程度或高或低的社會結構，負責控制糾紛的出現並加以解決。獸群中的支配關係可以疏導個體的攻擊性，幫助維持和平，或者至少能將攻擊行為控制在一定範圍內。動物絕不是因為生性暴力所以生活在無政府狀態下的一群個體，像哲學家霍布斯的名言「萬人對萬人的戰爭」那樣，動物社會的秩序通常是由一些支配者——有雌性也有雄性——決定的。如同我們前面看到的，支配者消失可能會帶來一段動盪不安的時期並引發繼承戰爭。大型猿猴的例子是其中記錄得最完整的。在坦尚尼亞馬哈勒山脈國家公園（Mahale Mountains National Park）的中心，科學家從一九七五年就開始研究被稱為「M群體」（groupe M）的黑猩猩群。M群體和其他黑猩猩群體一樣，第一雄性存在期間，雄性之間的位階秩序與社會互動都很穩定，攻擊行為的比率也很低。二〇一一年十月二日，名為皮姆（Pimu）的第一雄性被四隻成年雄性聯手殺死，其中有三隻是前任第一雄性：艾爾（Al）、法納納（Fanana）和卡隆德（Kalunde）。皮姆的死開啟了一段動盪期，為了奪取領頭雄性的地位，猿猴之間衝突層出不窮[2]。不過，位階秩序不是緩和緊張關係與減少衝突的唯一手段。還有一些社群生活規範不需要仰賴統治者的權力，也能讓大家和諧相處。

遵守個別距離

族群生活就是一個例子。最典型的案例就是繁殖季會成千上萬出現在島嶼或峭壁邊的海鳥。法國城市佩羅斯—吉雷克（Perros-Guirec）外海的胡吉克島（île Rouzic）上的北方塘鵝（*Morus bassanus*）族群中，多達兩萬對北方塘鵝摩肩擦踵生活在一起。不只如此，雖然這已是法國本土最大的鳥類族群，相較於印度洋南方法屬豬島（île aux cochons）上那五十萬對國王企鵝（*Aptenodytes patagonicus*）根本就是小巫見大巫，至少在近年因氣候暖化造成數量銳減之前是如此[3]。在這些族群裡，巢與巢之間的距離一致得驚人。事實上，這些距離取決於企鵝在自己巢裡俯身而不會被其他鄰居啄的距離。如果被啄了，那就是把巢築得太靠近的關係。這種組織機制不靠統治者的巨大身影也能減少個體之間的攻擊事件，並維持群體內部的秩序與紀律。每隻企鵝都避免踏入伴侶間的親密領域。保持這個距離，這些鳥類就能養育牠們的小寶寶而不受鄰居干擾。

針對是否存在個體間最小距離的相關問題，學者是先對動物進行研究，再延伸到人類身上。最早的研究出自瑞士人海尼・海第格（Heini Hediger，一九〇八－一九九二年）之手。他曾管理過伯恩、巴塞爾和蘇黎世的動物園，所以能近距離觀察人工圈養動物的行為[4]。他因此察覺，當他靠近那些動物的時候，牠們並非每次都會逃走。動物會觀察進入圍欄的人，只有外來者靠近到一定距離時才會選擇逃跑。逃跑的距離端視入侵者的行為舉止、環境與威脅的急迫性而定。因為這項發現，就此打開研究野生動物是否和人類一樣須保持個體間身體距離的路徑。受到海第格研究工作的啟發，美國人類學家愛德華・霍爾（Edward Twitchell Hall）指出，我們占據空間以及和鄰人保持一定距離的方式會因他人行為而改變[5]。和動物完全一樣，人類不喜歡有人侵入他的私密空間。當兩個個體之間距離小於等於四十五公分時，就突破了這條線。除非這種接近是出於自願的肢體接觸，好比在抓蝨子或發生性關係的時候，那就完全沒問題。否則，兩個個體都會覺得自己被侵犯了，而且因為逃不了，可能就會做出激烈的反應。所以對團體成員來說，維持社會生活和諧之道，往往在於遵守彼此的最小距離。例如他指出在一群小孩中，如果愈擁擠，攻擊行為就愈頻繁[6]。每個小孩都占有一塊空間，那就是他要捍衛的「領域」。同樣的，以嚙齒動物來說，在密度非常高的群體中會觀察到彼此攻擊的現象，比起密度較低的群體，個體身上的戰鬥疤痕會比較多，健康狀況也比較差[7]。在過著漁獵採集生活的人類社會中[8]，人口密度愈高，兒童死亡率也愈高，原因很可能是暴力、殺嬰行為與流行病的增加。上述密度與攻擊性的關係可以解釋為何在擁擠不堪的都市環境中，有時會出現暴力行為激增的現象。

從屬者為何不反抗

還有一個核心問題：為何從屬者要忍受這種位階，而不試著奮鬥，爬上更高的位置？要解釋沒有反抗、接受命運的原因，最簡單的假設就是位階較低的個體光從體能來看就推翻不了既有秩序。這種劣勢可能是絕對性也可能是暫時的，而且在生命的不同時期會有所變化。例如在生命前期，幼小的個體可能不夠強壯，無法扳倒成年領袖；等到發育成熟之後，各方面能力都有所提升，但還是未必足以奪下領袖之位取而代之。

有些社會性動物如橡實啄木鳥（*Melanerpes formicivorus*），就有一種不折不扣的「排隊」制度。這種性喜群聚的鳥兒生活在約有十五隻個體的群體裡，牠們最出名的就是會將大量食物儲藏於牠們在樹幹上悉心啄出的上百個洞裡；遇上食物短缺的時期，這些安放在洞中的橡實便至關緊要了。在橡實啄木鳥的社會中，支配／被支配關係與個體的年齡呈正相關。年紀最小的個體出現在群體裡的時候居於最低位階，隨著年紀最大因而支配力也最高的個體漸漸消逝，牠們的地位也向上攀升。因此牠們會忍受在生命初期居於人下，畢竟時間一長，牠們就可以獲得更高的位階。根據美國生物學家瑪麗．珍．韋斯特—艾伯哈德（Mary Jane West-Eberhards）的看法[9]，一個被支配的個體之所以忍受暴君的存在，是因為希望將來自己能成為暴君。所以他必須「排隊」，等候輪到自己取得支配者的位階。這套制度很方便，不過僅僅在群體相對小且穩定的物種中適用。以斑點鬣狗來說，其雄性一進入性成熟期就會離開，到不同的地方去加入新的雌性鬣狗團體。在牠們身上，社會位階一樣要靠排隊取得[10]。進入一個團體之後，雄性會遵循慣例，亦即牠們在隊伍中的位置必須依先來後到決定。只要守住這條規定，雄性之間的衝突就不會太嚴重，也不會有鬣狗想要以暴力手段改善其社會位階。雄性在漸漸晉升的過程中形成的聯盟保障了排隊秩序的穩定，高位階的雄性與雌性領袖之間的聯盟也發揮了同樣作用。在這套高位階個體互相幫助的系統中，排在隊伍前方的雄性會協助雌性對抗騷擾牠們的低位階篡位者，證明了位階秩序在控制個體衝動行為上有其重要性。

最後一項假說[11]主張支配者與從屬者都可能因各自的地位獲得好處。支配者可以優先獲得繁殖的機會，還能時不時霸占從屬者的糧食資源，但牠們也會保護團體不受外來者入侵。支配者可以說是「牧羊人」，被支配者則是「羊群」。

從安撫到和解

對社會性動物來說，衝突是團體生活的一部分，似乎難以避免。反抗和推翻位階秩序、改變支配關係、繼承戰爭、性暴力、排擠與汙名化，相互對抗的理由有千百種，結果卻往往並無不同。衝突會導致開戰者付出相當大的代價，尤其是耗費時間與精力，受傷的危險性也很高。長期來看，可能成為敵人的個體之間的關係逐漸惡化是更糟糕的結果，因為團體凝聚力會因此受到動搖。因此動物會把安撫與和解的行為當成修復個體關係的手段，也藉此恢復團體的和諧。雖然這些行為可能也會讓個體付出代價，但這些代價不過是為了達成任務所花的時間，團體未來可因此獲得的好處則相當可觀。雖然不是每次都能避免衝突，但如果能夠降低衝突帶來的衝擊、緩和社會矛盾、減少怨恨感與報復的欲望，對個體會大有好處。由此可見，好好照顧其他個體對某個單一個體而言是很有益的，因為這樣才能照顧好自己。

安撫行為可以定義為一個或多個個體對另一個遭遇困難的對象增加可讓彼此有連結感與提供撫慰的接觸的行為[12]。發生肢體攻擊的時候，安撫的對象會是受害者和無關的目擊者，不過有個體受傷或生病時也可能出現這種行為。在鳥類和哺乳類身上可以看到這種同情共感的反應。以人類來說，出生第二年就會有這種反應。和解是一種和安撫不同的態度，因為這是在衝突過後，先前敵對的對象之間互相拉近彼此距離的行為。也就是說，這是兩個個體在爭執或打架之後決定講和所採取的行動。一九七九年，德瓦爾和安潔琳・范・羅斯瑪倫（Angeline van Roosmalen）在黑猩猩身上記錄到以上兩種行為[13]。兩位學者注意到牠們做出和解行為時，可能會同時花一些時間安撫與衝突不相干的個體。

幸福就在草原上

二〇一六年，托雷多大學（University of Toledo）的詹姆斯・伯克特（James Burkett）與同事在頂尖科學期刊《科學》（*Science*）上發表了一項關於草原田鼠安撫行為的研究[14]。這種學名為*Microtus ochrogaster*的動物是一種單偶制且社會性很強的動物。這種小型嚙齒類生活在由數個家庭團體組成的族群中。牠們非常喜歡相互清理身體。在這份研究報告中，伯克特指出草原田鼠感受得到其他同類的生理與心理壓力，還能集體分擔恐懼與不安，這在心理學上稱為「情緒感染」。此外，在不同測試中，草原田鼠會優先對承受壓力、表現出情緒低落徵兆的親友做出理毛行為，但沒有一次為陌生個體理毛。不論在什麼狀況下，這都是所有草原田鼠共同做出的集體回應，代表牠們非常了解自身和周遭田鼠的狀態。這也會引發不同的生理作用。從這些作用可知，恐懼和焦慮與壓力荷爾蒙（corticostérone，皮質酮）——一種由皮質分泌的荷爾蒙——升高有關，這和人類的共感機制十分類似。

比伯克特及其團隊的研究更早十年前，劍橋大學有幾位學者已經指出，兩隻烏鴉發生衝突過後，其他烏鴉可能會介入，並特別針對掀起爭鬥的個體表現出高度關心，不管是攻擊或受害的那一方都一樣[15]。所謂關心包括以鳥喙碰觸牠們、一些頭部動作、同步發出叫聲，也可能是分享食物，和安撫行為十分類似。另一份二〇一〇年發表的研究則可證明，如果場面十分激烈，目睹群毆行為的鳥更有可能會去安慰受害者，如此一來衍生新衝突的可能性便會減少[16]。此時，安撫就像一種避免可能出現報復行為的手段。

事實上，許多動物都會採取安撫行為和／或和解行為。狼和大型猿猴一樣，在衝突過後，不分社會位階，攻擊者和受害者都會很快尋求和解。更有趣的是，與衝突無關的個體是否做出安撫行為，會大大受到當事者先做出和解行為的影響。和解與安撫形成一種對大家都好的良性循環。不過還有一個問題：為什麼與安撫行為不同，和解行為在動物界並沒有更加普遍？除了幾個例外：犬科動物[17]、鬣狗[18]、山羊[19]和海豚[20]。一個可能的答案：牠們的團體中有較長久的連結。對壽命較短的動物或成員「洗牌率」很高的團體而言，如果沒有需要修復長期關係，發動攻擊之後與對方和解好處不大，而安撫卻會提供較直接的助益。

以性止戰的倭黑猩猩

關於倭黑猩猩（*Pan paniscus*）的社會組織和衝突管理，相關著作多不勝數。奉行「做愛不作戰」的猿猴，這種形象深入人心，但不完全符合現實。在倭黑猩猩的社會裡，個體之間難免發生衝突。為了解決紛爭，倭黑猩猩反倒比較喜歡以性來化解，而不是靠暴力。為了了解這件事的全貌與重要性，我們必須先回頭看看倭黑猩猩是一種什麼樣的動物，以及牠們在大型猿猴當中的形象。

倭黑猩猩是中非赤道叢林中夾在剛果河左岸和開賽河（Kasai river）之間一小塊區域特有的物種。十九世紀及二十世紀初的歐洲探險隊經過此地，但沒有發現牠們。所有從非洲大陸帶回來的死亡或活體猿猴都長得很像黑猩猩。只有一隻不是。一九二七年，比利時科學家亨利·舒特登（Henri Schouteden，一八八一－一九七二年）檢查了剛剛送進泰爾維倫（Tervuren）中非皇家博物館的一隻小型黑猩猩的頭骨和皮膚。那是在貝法萊（Befalé）以南三十公里處被殺死的一隻母猩猩，其小巧的體型引起這位博物學家的好奇。一九二八年一月，舒特登在剛果動物學會發表他的新發現[21]，然後委託好友：德國動物學家恩斯特·舒瓦茲（Ernst Schwarz，一八八九－一九六二年）建立更精確的描述。因此，最早僅憑一個頭骨來描述當時仍認為屬於「*Pan satyrus paniscus*」這種黑猩猩的亞種的動物，此榮耀是由舒瓦茲享有。不過，他的發現很快就被另一位分類學家的研究所掩蓋[22]。來自美國的哈洛德·柯立芝（Harold Jefferson Coolidge，一九〇四－一九八五年）有一次參訪泰爾維倫這間博物館，注意到館藏幾個被認定屬於未成年黑猩猩的小型黑猩猩頭骨。它們的特點是顱縫已經癒合，換句話說看起來和幼獸的頭骨很像，但其實那是成體的頭骨。一九三三年，對數個頭骨進行測量並解剖了一隻樣本後，他發表了對倭黑猩猩（亦即侏儒黑猩猩）真正的物種描述[23]。侏儒黑猩猩的歷史就此展開。

倭黑猩猩不只是比較小隻的黑猩猩，遠非如此。在描繪其形象時[24]，德瓦爾強調他「無意冒犯黑猩猩，但倭黑猩猩較有格調。倭黑猩猩雙腿比較修長、小頭窄肩，氣質較黑猩猩更優雅。倭黑猩猩淡紅色的嘴唇襯著黑色的臉孔，耳朵小小的，鼻孔則和大猩猩幾乎一樣大。這種靈長類的臉部也比較扁平開闊，額頭比黑猩猩高；最重要的是牠順眼的髮型：又長又細的黑髮整齊向左右兩側分開。」除了優雅的外表以外，倭黑猩猩的另一項特徵就是彼此間攻擊性較低，不論在雄性和雄性或兩性之間都是如此，而且對其他群體的個體也一樣。倭黑猩猩組成的社會共同體和黑猩猩很像，但是有些許差異。雄性生活在牠們出生的群體裡，雌性則必定會在青春期更換群體。在群體之內，雄性和雌性比起黑猩猩群更常相處在一起，也更常有溫馨的互動。青少年期的雌性很少單獨行動，牠們會緊緊黏在至少一隻成年的雌性猩猩身邊。整體而言，倭黑猩猩之間的關係比較溫馨友善，這在動物界相當罕見，這也是為什麼牠們很快成為和諧社會的標竿；或許更重要的是，牠們更成為人類的希望，縱然人類在生理上貌似已經擺脫暴力的宿命。

在對倭黑猩猩的人工圈養群體或野生群體最早的研究中，「性」很快就成為牠們的另一項特徵[25]。從好幾個角度來看，倭黑猩猩的性行為都和其他靈長類不同，人類則是例外。倭黑猩猩個體可能和各式各樣不同年齡、性別的對象發生性關係。性交時，面對面的姿勢和背對的姿勢同樣常見，不只雄性與雌性之間如此，雄性之間與雌性之間也是如此。性交可能是由雄性主動，也可能是雌性主動。這些社交與性方面的接觸有助於調節倭黑猩猩群體內部的壓力，能舒緩緊繃的氣氛，促進成員和平共存。因此，非繁殖目的的性行為大多發生在社會遇到問題的時期，可能是和食物供給有關，不然就是在不同團體產生互動或衝突後的時期。由於食物供給是引發戰爭的主因，性似乎是一種可以調節食物爭奪、讓大家分享食物的方法。舉例來說，向食物擁有者提供性接觸的個體更有機會獲得這些資源。所以對倭黑猩猩來說，提供食物交換性接觸是被對方選中的條件，而非靠暴力掠奪。另一項研究指出，在一個野生群體中，發生衝突之後，敵對雙方之間雌性相互碰觸陰道的情形增加了[26]。也就是說，此時安撫與和解的行為更常帶有性意味。受害者獲得安慰者的性接觸後，壓力徵兆看起來減少了。整體而言，上述所有研究都點出性在倭黑猩猩社會中發揮了調節緊張關係與社會衝突的作用。身為動物界的特例，倭黑猩猩引起科學家們強烈的好奇心。為了解釋此現象，研究者們認為環境因素的可能性較高。在倭黑猩猩分布的區域，牠們是唯一的大型猿猴，與黑猩猩、大猩猩沒有接觸，又生活在一片食物來源特別豐沛的森林中。牠們也是以素食為主的猿猴。只要因食物資源引發些許爭奪，就會成為牠們做出撫慰行為的重要原因，但不是唯一的原因。如果要找出其他原因，就必須更深入探索動物社會。與此同時，關於東非狒狒一項既特殊又罕見的研究問世了。

東非狒狒創造的和諧社會

羅伯・薩波斯基（Robert Sapolsky）是神經科學專家以及史丹福大學教授，因其在壓力與神經退化方面的專業享譽國際。他從一九七八年就開始在肯亞研究東非狒狒（*Papio anubis*），特別關心個體所感受的壓力與社會關係和環境之間的因果關聯。東非狒狒之所以有橄欖狒狒（babouin olive）之名，源自於牠們灰綠色的毛皮。牠們呈現極明顯的雌雄二型性：雄性身長七十至九十公分，體重三十至四十公斤；雌性身長則在五十至七十公分之間，體重最重為二十五公斤。東非狒狒是非洲分布最廣的狒狒，出現在非洲大陸中部一條開闊的帶狀區域；從馬利到衣索比亞，從幾內亞到坦尚尼亞北部，牠們在此拓展各式各樣不同的棲地，從草木茂盛的熱帶乾草原到潮濕的叢林，從沙漠到都市地區都有可能。東非狒狒的分布之所以如此，是因為牠們有能力在不同性質的環境中取得食物，也多虧牠們那充滿彈性的覓食策略。

東非狒狒的社會組織模式和許多靈長類都相同，在成員可能為二十至一百隻、包含雌性與牠們的子女和幾隻成年雄性在內的群體裡，存在著嚴明的位階秩序。雌性會一直待在牠們出生的群體裡，雄性則在性成熟之後離開到不同地方去，尋找新的狒狒群。個體的社會角色與牠們的年紀、性別、地位與親緣關係有關。東非狒狒建立支配關係的方式也因性別而異。在雌性中，社會位階取決於母系血統，在雄性中則是攻擊性互動的結果。雄性的位階會決定牠們繁殖的機會，因為位階高的就能優先接觸雌性。由於牠們的繁殖制度是多偶制，雄性之間自然會出現大量攻擊行為，導致狒狒群中氣氛非常緊張。

薩波斯基自一九七八年開始研究生活在肯亞馬賽馬拉自然保護區自然環境中的數個狒狒群，其中一個群體名為「來自森林」。在一九八〇年代初期，這個群體的成員棲息在距離一個遊客中心不到一公里遠的樹林中。為了方便觀光客所住的「小屋」（lodge）使用，以及因應愈來愈多的人口，人們挖了一塊露天垃圾坑。轉眼間，許多屬於「來自森林」狒狒群的雄性養成到垃圾坑找廚餘吃的習慣。根據薩波斯基二〇〇四年發表的文章[27]，他觀察到只有攻擊性最強的公狒狒會一路下到垃圾場，這與牠們的年齡或社會位階都無關。在那裡，牠們與另一些住在垃圾場旁、稱為「清道夫」的公狒狒群相互競爭。要在垃圾堆上為自己掙得一塊位置，攻擊性是不可或缺的條件。比較溫和的雄性、雌性與年幼狒狒則離垃圾場遠遠的。

一九八三年，牛結核病在這些猿猴間流行開來，來源很可能是垃圾場中受感染的牛隻屍體。四年之間，「來自森林」中所有經常吃廚餘的雄性——相當於成年雄性的46％——全都喪命了。始終遠離這塊丟棄廚房廢棄物之地的個體則沒有一隻染病。這場既猛烈又突如其來的流行病因此消滅了半數雄性；攻擊性最強、最常出入垃圾場的那些首當其衝，活下來的則是一群性情比較平和的狒狒。此一事件對「來自森林」的社會組織產生巨大的後座力。首先，雌性數量變得比成年雄性多出許多。其次，由於只有攻擊性最弱的狒狒留下來，整個群體的行為產生了劇烈變化。根據一九八六年當時研究者們的敘述，雄性和雌性之間理毛與聯絡感情的頻率增加了，支配階級變得比較溫和，低位階雄性的壓力也變得非常小，代表牠們不太會做出攻擊行為。整個社會變得像是生活在一種既友好又和平的氣氛之中。後來流行病迫使研究者不得不放棄這片田野。等到一九九三年他們再回到當地，這個狒狒群變成怎麼樣了？狒狒們的「花朵力量」只是這殘酷世界中一段美好的插曲，還是一種可長可久的新生活模式？

到了一九九三年，一九八六年以前那段時期的成年雄性都已經不在了。所有新成員都是在那之後才加入群體的狒狒。觀察員原本預期攻擊性的強度會恢復到流行病之前，尤其有些個體來自其他群體，而牠們是在攻擊性強的雄性支配者身邊長大的，但結果完全顛覆他們的想像。「來自森林」這個狒狒群依然保留著一九八六年所觀察到的那些行為特徵。新來的個體也採取流行病結束後出現的淡定態度。高位階雄性和低位階雄性互動時更加寬容，騷擾行為也非常輕微。研究者找到了解釋。以雄性/雌性比來看，由於雌性比例較高，所以雄性之間為雌性而競爭的強度比較低，衝突行為變得沒有必要。此外，由於周遭的雄性不會使用暴力，雌性普遍也更願意進一步與雄性建立關係。在這個特殊環境下，新來的雄性自己也變得比較溫和。就像一種正向的回饋循環，一些個體的行為強化了另一些個體的行為，從中誕生一種「和諧社會」的文化。

人類的自我馴化

在達爾文一八五九年[28]和一八七一年[29]出版兩本革命性著作之間，他投入鑽研其他生物學上的重要問題，開啟了許多研究方向，而且直到今日仍是重要的課題。其中之一就是一八六八年出版的一本作品的核心主題，書名為《動植物在馴養下的變異》（*The Variation of Animals and Plants under Domestication*）[30]。達爾文引入一種想法，亦即人類透過人擇或「無意識的選擇」造成我們在許多馴化物種身上所看到表現型特徵的演變，尤其是一批在野生物種身上看不到的相似特徵。馴化症候群的概念從此誕生。一個世紀之後，透過研究銀黑色毛皮的紅狐和美洲水鼬（*Mustela vison*，又稱水貂），俄羅斯遺傳學家迪米崔・貝里耶夫（Dmitri Baliaïev，一九一三－一九八五年）[31]指出，這種症候群是在人工圈養或馴化的物種中選擇溫馴者所造成的結果。人類一點一點削除攻擊性的反應，若非直接在繁殖時優先挑選情緒較平穩的個體，那就是透過間接的方式，因為攻擊性最強的個體受不了被圈養，牠們一再受傷，承受較大壓力，因此存活和生育的數量較少。關於馴化症候群一個精采的例子就是狗從牠們的祖先狼演化而來的過程。一些學者提出了一項極具啟發性的觀察。狗和狼的主要差異之一就是臉部表情。狼看起來凶狠又嚇人，狗的表情卻溫和又令人安心[32]。這份論文的作者指出，馴化導致狗眼睛周圍的肌肉組織改變，眼神看起來比較下垂，顯得有點悲傷，哪怕只是一種表象。為什麼會這樣？因為經過一代又一代之後，人類變得比較喜歡有悲傷眼神的狗，讓人聯想起幼年人類的某些表情，另外也比較喜歡較溫馴、容易飼養、最願意讓人撫摸的個體。而馴化各種物種的現代人類，這數十萬年來又是如何演化的呢？人類過定居生活，群體規模愈來愈大，造成什麼結果？

如同貓和山羊等許許多多馴化的動物，人類的頭骨三萬年來不斷縮小[33]。我們的大腦慢慢縮小，現在變得比我們祖先的腦容量小了15至20％。智人（*Homo sapien*）應該是經歷了嚴格的選擇，以避免反應型攻擊行為，亦即針對激起反應者的攻擊行為。而這種選擇，學者就稱為「自我馴化」！這種說法十分可信，因為它能解釋各種人類的生理、行為心理與認知特徵。

理查・藍翰（Richard Wrangham）是現今最優秀的靈長類學與人類學家之一。他在哈佛大學人類演化生物學系任教。在二〇一九年發表的評論性文章中，藍翰製作了一張表格，呈現人類的馴化症候群以及它如何影響人際關係的演變[34]。由於已經沒有「野生人類」可以和「馴化人類」做對照，為了證明智人有馴化症候群，就必須將現在的人類特徵和人類祖先的化石進行比較。有四項特點可說明人類的馴化症候群[35]：體型整體縮小，臉變得比較短，同時牙齒也變得比較小，雌雄型態差異性減少，以及腦容量變小。藍翰試圖尋找可以解釋人類暴力程度為何低於其他靈長類的因素，最後得出結論：要說明強壯且具攻擊性的人類為何遭到負向選擇，演化出合作行為加上複雜的語言顯然是最有解釋力的機制之一。精巧繁複的溝通方式讓體力較弱的男性在戰鬥時可以透過組織聯合行動，藉此消滅攻擊性高、支配力強的第一位階男性。沒有複雜的語言，就不可能將剷除部族暴君的計畫層層組織起來。即使人類語言的演化顯然還有別的原因，一旦發展成熟，就能用來削弱攻擊性，因此這件事就像某種精緻溝通方式在演化過程中的副產品一般，類似一種正向回饋循環，能加快與馴化相關特徵演化的速度。選擇合作文化，結果卻反過來讓比較不粗暴的個體得到優勢，這或許可解釋攻擊性為何消退。這個模式和科學家在東非狒狒意外失去攻擊性強的個體之後所觀察到的模式十分接近。

結論

戰爭並非無可迴避

戰爭絕對不是必然，然而戰爭狀態從來不曾消失。我們似乎總有避免戰爭的可能，但事實證明從來不是如此。

戰爭可說是嚴重失衡的結果，而嚴重失衡勢必導致集體暴力行為。失衡即物種、社會群體或個體之間在資源與領域的利用上、群體內的性關係上、支配地位與階級地位上出現分配不均。

內戰會不會是一種痛苦但有用的手段，可藉以找回群體暫時偏離的那個穩定位置？如此說來，戰爭是否為不打仗就沒辦法運作的社會系統提供了屏障？一旦這個群體偏離平衡點太遠，衝突就成了一種修復損傷的強硬做法，就像電腦當機我們會直接按「重開機」來重新啟動一樣。一種極端的解決之道，別無他法時使出的最後一招，可是行得通。有一句俗語說：「我們需要大打一場」（il faudrait une bonne guerre），道盡這套想法的精髓。當有些族群感到生活嚴重失序、人生的基準點一一消失，大打一場能讓社會恢復原狀的想法就會再次浮現。讓一切歸零，從正常的原點重新開始。但這套說詞正好凸顯了我們對人類衝突必連帶造成恐怖後果這件事有多健忘，也就是忘了那些虐待、集體屠殺、有計畫的性侵與種族清洗。

那麼，我們可以不靠戰爭活下去嗎？又一次，人類以外的動物提供了我們一些思考方向。為了進一步探討，我們必須先嚴肅檢視一番自然選擇。

競爭，一種曖昧的現象

達爾文所說的自然選擇往往被濃縮為一套過度簡化的詮釋，亦即一種你死我活的競爭，最強的人打敗弱者存活下來，也就是一種自然界永不停歇的殊死戰。這種觀點正是霍布斯所持的看法，他所謂「萬人對萬人的戰爭」即是為欲求所驅使的人類間的戰爭。沒有夠強的權威，沒有國家的存在，人類就會自陷於原始而自私自利的衝動，無法抵抗自己暴力的生物天性。我們被渴望擁有的需求所捆綁，活在永恆的衝突狀態中，形成一種隨時會為保護自己的財產不受真實或想像的攻擊所奪去而相互戰鬥的傾向。相對於霍布斯，盧梭的觀點[1]雖然未將暴力排除於自然界之外，卻將暴力氾濫歸咎於私有財產制的出現與由此滋生的種種不平等。不過權威、國家、霸主的存在雖然感覺起來是能夠抑制暴力的暫時解決之道，卻往往只是幻影。所謂「現代」社會雖然喜歡相信自己建立起來的秩序得以使成員的關係趨於和平，卻忘記自己會製造嚴重的集體暴力，就在示威遊行裡、在監獄、運動場、邊界，甚至集體殺戮中。國家為了控制社會而趨於暴力，這件事和此一社會的不平等、不均衡所製造的暴力息息相關。這個觀點在孟德斯鳩的思想中簡述如下：「令人吃驚的是，民眾如此鍾愛共和政府，享有共和政府的國家卻如此稀少；人們如此憎恨暴力，卻有如此多國家以暴力治國[2]。」

只要仔細閱讀達爾文的《物種源始》，加上我們現有的知識，就能反駁上述觀察[3]。首先，在達爾文眼中，生存的搏鬥並不只是單純的競爭而已，還包含其他原因，而不同有機體在存續與繁殖上的差異與這些原因有關。或許是因為其他類型的互動如掠食、寄生，也可能是因為必須對抗環境中的物理因素（溫度、酸鹼值、濕度……等）才導致繁殖成功與否的差異。因此，所謂搏鬥與其說是戰鬥，更像是有機體在生存上遇到的困難。不過達爾文也要負點責任，因為比方說他在書中提到「自然的戰爭、饑饉、糧食短缺……」時，使用的語彙都相當戲劇性。

達爾文的學說常常被錯誤詮釋以服務其他目的。英國社會學家史賓賽（Herbert Spencer）從他的社會達爾文主義出發，主張消滅最不適應的人類以改善物種，就是一個惡例。然而史賓賽也是經濟自由主義的開創者之一，對他而言，「國家唯一的功能就是保護權利：國家不應該管制交易、教育人民、傳播宗教、管理慈善事業；不該鋪設道路與鐵路。它只該捍衛人類的自然權利，保護人身與財產。」自然權利的概念尚有爭議空間，而且當史賓賽描述經濟競爭和自然選擇之間可類比之處時，就忘了競爭只是物種間可能的互動之一。

在大自然中，擁有物質財產和取得權力一樣，都是衝突的源頭。群體間為了獲得更好的領域而打仗是一種常態，而且雖然階級秩序與支配者的存在似乎會讓暴力得到控制，卻同時會激起想要取代那些過得更好的個體的情緒與欲望。我們前面已經在鬣狗和靈長類身上看到這種現象，聯手推翻支配者的大戲總是反覆上演。在螞蟻的社會裡，蟻后間的戰爭頻繁發生。可是有沒有可能出現另一種階級性比較弱、合作性比較強的模式？一種沒有暴君、不會有戰爭、暴力行為也僅僅是個體之間單純爭吵的模式？

從合作到道德感

了解動物如何合作對生物學家和哲學家來說始終是個難題。從十九世紀中葉開始，人們愈來愈關心個體之間的正向互動以及個體因各種原因結為團體的現象，包括利他主義、互助心理或是共生關係。同樣的，達爾文早在一八七一年的著作中[4]便曾強調合作現象的存在，例如在集體捕獵時個體會互相協助，或是會有負責警告整個團體注意危險的哨兵。他也肯定人類有道德感，促使他們採取「己所不欲，勿施於人」的法則。

不過，要怎麼解釋何以會演化出有利於團體、不利於個體的表現型特徵，例如蜜蜂會將螫針留在敵人身上，犧牲自我保護蜂巢？緊接著達爾文之後，知名且優秀的英國生物學家威廉・漢彌頓（William Donald Hamilton）的研究率先為利他主義的問題提出解答[5]。漢彌頓認為，這些特徵之所以被選擇，是因為對於和獻出身軀的個體擁有相同基因的個體會帶來好處。當我幫助我的家族成員時，我也算是幫了自己一點。當我幫助自己的姊妹繁殖，那麼繁殖有一半也算是我做的。家人親戚之間說得通，但來自不同家系的個體互相幫助與利他的行為又如何解釋？為此我們該感謝美國社會生物學家羅伯特・崔佛斯（Robert L. Trivers），他在一九七一年為互惠利他行為提出解釋[6]。這種現象指的是做出某個行動讓受惠的個體生存和繁殖的機會都增加了，但這樣是為受惠者將來會做出某個行動來增加利他者生存與繁殖的機會。簡而言之，就是你幫我、我就幫你的原則[7]。在這個特定情況下，利他行為的付出換得下次由對方獲得好處的可能性。這種狀況需要符合某些條件才會出現，例如雙方要經常有互動、要互相認識，而且要活得夠長，才能享受到回報。

雖然再美好不過，但我們不得不承認，互惠利他的例子在自然界非常罕見。一九九八年，吉伯特・羅伯茲（Gilbert Roberts）和湯馬斯・謝拉特（Thomas Sherratt）兩位學者對原始模型做了些許修正，藉此指出個體可能會對投資採取較為謹慎的態度[8]。舉例來說，一個想對某個陌生人示好的人會準備一份小禮物，只為了解收禮的人會不會想回贈一份同等分量的禮物。如果彼此往來很正向，雙方就會漸漸提高贈禮的品質，直到他們變成合作無間的夥伴。若非如此，損失也微乎其微，雙方就會收手，也不會再送任何禮物。在一份相當新近的研究中[9]，一群學者指出吸血蝙蝠（*Desmodus rotundus*）似乎也依循這條法則。這些吸血的小型蝙蝠以互惠利他行為聞名，亦即沒有親緣關係的個體之間也會將吐出來的血送給對方。吸血蝙蝠這種動物必須每三天就進食一次，否則有可能會餓死。由於牠們的食物——哺乳類與鳥類——並不容易取得，有時一些運氣不好的蝙蝠徒然花了一整晚搜尋，清晨時卻肚子空空回到族群中。牠的飢餓會讓另一隻比較好運的同伴決定「捐血」，也就是把血吐出來給牠吃。不過在決定進行如此珍貴的捐贈之前，這兩隻同伴會先花上好長一段時間幫對方清潔身體。這是一種測試彼此關係緊密度的方式，從小小的關心開始逐漸升級，直到最終能夠分享牠們最寶貴的財產——牠們的食物。這種策略讓吸血蝙蝠能慢慢建立起彼此的信任關係，不用太擔心對方是否不可信賴。這套於一九九八年首次提出的見解也可以應用在許多其他社會性動物身上，包括人類。

為什麼要打仗？

如果彼此合作是可能的，我們要如何理解個體與個體、團體與團體的爭戰何以如此頻繁？不論形式為何，這些爭戰會不會是因為大家被一些詭計所騙，導致合作變調所致？失去了信任，每個人都變得草木皆兵。韓國的崔正奎（音譯：Jung-Kyoo Choi）和北美的山繆．鮑爾斯（Samuel Bowles）這兩位經濟學家曾在二〇〇七年指出，抱持利他心態的個體和攻擊性強的個體事實上可能是同一個[10]。利用電腦模擬，他們想像在某個世界裡，每個人都有兩個不同特徵。他們的第一個特徵可能是寬容的或是仇外的，第二個特徵則是個利他者或是自利者。也就是說，在這個世界裡有四種不同的人：寬容的利他者和寬容的自利者是一大類，仇外的利他者和仇外的自利者是另一大類。當衝突風險升高時，仇外利他者的贏面最大，因為遇到這種情形，寬容者會拒絕打仗，自利者則會拒絕涉入集體衝突。只有仇外利他者會同意發動戰爭。不過在承平時期，寬容自利者是最有優勢的。集體行動是一種因應戰爭風險的方式，一些仇外、好戰但是抱持利他心理的個體會開始塑造「我們是我們、他們是他們」的風氣，建立起一些聯盟，藉以在面對來自部族以外、甚至內部所生的威脅時，能夠集體與之抗衡。

戰爭狀態會形塑團體生活的樣貌，但戰爭狀態也是此一集體生活中種種緊張關係所結的果。由此來看，戰爭就像是合作的陰暗面、月亮的背面，卻不是無法避免的。和平之道也是一個教育與文化的課題。讓我們引用偉大教育家暨醫師瑪麗亞．蒙特梭利（Maria Montessori，一八七〇－一九五二年）的話：「所有人都在談論和平，可是我們的教育從來不以和平為目的。我們的教育是為了競爭，而競爭標誌著一切戰爭的開端。當我們教育大家如何合作，如何讓彼此團結起來，從那一天起，我們的教育才是以和平為目的的教育。」

後記／艾蒂安・克萊因[1]撰

「對古典時期的希臘人來說，戰爭再自然也不過。」

——凡爾農（Jean-Pierre Vernant）

從我讀完這本《當動物拳腳相向時》到提筆撰寫這篇後記，已經整整三個星期過去。我需要這麼長的時間才能消化內心的震驚。這份難以消受的震驚源自於我發現童年時代最愛的偶像海豚飛寶，那個我以為親切善良、從來不發脾氣、有同理心到不行、打從心底愛好和平、隨時準備拯救遇上麻煩或溺水的泳者的飛寶，實際上卻屬於一種雄性可能極度暴力的物種，尤其對象還是雌性海豚！

突然間，我的整個表徵系統都崩垮了，造成我心靈不可磨滅的傷痕。更廣泛一點——也更嚴肅一點來說，在烽煙已於歐洲門前竄起的此刻，我驚詫地發現動物界同樣有戰爭，過去我一直以為那是人類的專利，或者這麼說，是自然界中某種文化上的特例。而戰爭的方式可以有一千零一種，所以這本書才會這麼厚，像是野獸國的《戰爭與和平》。

這是因為羅伊克·博拉許所做的調查龐大到令人不敢想像。再者，幾乎所有刻板印象都像動物拼圖一樣散布在整份調查中。好比裡頭有烏鴉殺手、表面上是淡定植食性動物實則暴躁好戰的河馬、企鵝流氓、螞蟻神風特攻隊！好比有白蟻的職業軍團、某些昆蟲的化學武器、鴨子的強暴文化（還不只牠們）、狐獴的大會戰、黑猩猩的邊境檢查與名副其實的領土戰爭，連幾種動物的內戰都提到了！而且——非

1譯註：Étienne Klein（一九五八年—），法國物理學家、科學哲學家，本書原叢書主編。

常不可思議——早已瞠目結舌的我們會學到，當縞獴在打仗的時候，竟然會有幾隻趁亂跟明明應該是敵人的母縞獴快樂地交配！

當然，我們應避免將用來談論和分析人類戰爭的詞彙投射到動物世界。羅伊克．博拉許對這個陷阱一直保持警醒，一開始就提醒大家，掠食也好、突襲也好、單純的暴力也罷，都不是嚴格意義上的戰爭。而且不論對動物或人類來說，狩獵和戰爭都是涇渭分明的。戰爭和這些東西都不一樣，它是一種特殊的計畫，其中有一部分十分神祕，因為驅動戰爭的力量往往難以看透。

如果想要把戰爭的輪廓界定得更清楚，勢必得解決至少兩個問題。首先是國家的問題：人們常說，所有戰爭中必有一個國家，甚至兩個，因為其中一個決定要跟另一個打。這個想法是否太狹隘？我想在動物界並不存在嚴格意義上的國家，但既然在沒有國家的社會或民族裡人類也會打仗，為什麼不能「也」承認那是戰爭呢？由此可見，我們稱為「戰爭」的事物的輪廓是具有可塑性的，因為共同生活的方式有千百種，有時好，有時壞，不論在動物或人類世界都一樣。

其次是武器的問題：打仗是不是也可以不使用所謂「兵器」或「戰爭武器」，亦即不使用專門為戰爭而設計製造的工具？當人類發明劍這種並不適合用來打獵的武器時，並不是做來欣賞而已。那麼，動物界有可以稱為兵器的東西嗎？

博拉許這本書教導我們的東西實在太多，我不敢侈言已經將他開啟的所有觀點全都考慮透徹，但必須承認還有最後一件事令我深感困窘。我心目中的新石器時代（按照我以前學的）應該是相當和平的：農人在田裡耕種，牧人看守著他的牛羊，簡而言之，一切就像一張明信片。這幅光景正確嗎？是人類突然有一天發明了戰爭，還是他們從來不曾停止這麼做？

說實話，我不太希望僅存的童年回憶就這樣灰飛煙滅……

參考書目

前言

1. Kofron C. P., « *Behavior of Nile crocodiles in a seasonal river in Zimbabwe* », *Copeia*, 1993, p. 463-469.
2. Voltaire, *Dictionnaire philosophique*, 1764.
3. Von Clausewitz C., *De la guerre*, Paris, République des Lettres, 2019.
4. Schu A., « Qu'est-ce que la guerre ? », *Revue française de science politique*, vol. 67, n° 2, 2017, p. 291-308.
5. Bollache L., *Comment pensent les animaux*, Paris, humenSciences, 2020.
6. Hobbes T., *Léviathan*, chap. XIII.
7. Goodall J., *Through a window : My thirty years with the chimpanzees of Gombe*, HMH, 2010.（繁體中文版《大地的窗口》由遊目族出版）
8. Majolo B., « *Warfare in an evolutionary perspective* », *Evolutionary anthropology : issues, news, and reviews*, vol. 28, n° 6, 2019, p. 321-331.

9. Hobbes T., *Léviathan*, chap. XIII.

第一章

1. Goodall J., *Through a window : My thirty years with the chimpanzees of Gombe*, HMH, 2010.
2. Mitani J. C., Watts D. P. 與 Amsler S. J., « *Lethal intergroup aggression leads to territorial expansion in wild chimpanzees* », *Current biology,* vol. 20, n° 12, 2010, p. R507-R508.
3. Wrangham R. W., Wilson M. L. 與 Muller M. N., « *Comparative rates of aggression in chimpanzees and humans* », *Primates*, vol. 47, 2006, p. 14-26.
4. Boesch C. 等, « *Fatal chimpanzee attack in Loango National Park, Gabon* », *International Journal of Primatology*, vol. 28, n° 5, 2007, p. 1025-1034.
5. Boesch C. 等, « *Intergroup conflicts among chimpanzees in Taï National Park : lethal violence and the female perspective* », *American Journal of Primatology*, vol. 70, n° 6, 2008, p. 519-532.
6. Hashimoto C. 與 Furuichi T., « *Uganda* », *Pan Africa News*, vol. 10, 2005, p. 31-32.
7. Goossens B. 等, « *Survival, interactions with conspecifics and reproduction in 37 chimpanzees released into the wild* », *Biological conservation*, vol. 123, n° 4, 2005, p. 461-475.
8. Wrangham R. W. 與 Glowacki L., « *Intergroup aggression in chimpanzees and war in nomadic hunter-gatherers* », *Human*

Nature, vol. 23, nº 1, 2012, p. 5-29.

9. Martínez-Íñigo L., Engelhardt A., Agil M., Pilot M.與Majolo B., « *Intergroup lethal gang attacks in wild crested macaques,* Macaca nigra », *Animal Behaviour*, vol. 180, 2021, p. 81-91.

10. Rosenbaum S., Vecellio V.與Stoinski T., « *Observations of severe and lethal coalitionary attacks in wild mountain gorillas* », *Scientific Reports*, vol. 6, nº 1, 2016, p. 1-8.

11. McGraw W. S., Plavcan J. M.與Adachi-Kanazawa K., « *Adult female* Cercopithecus diana e*mploy canine teeth to kill another adult female* C. diana », *International journal of primatology*, vol. 23, nº 6, 2002, p. 1301-1308.

12. Payne H. F., Lawes M. J.與Henzi S. P., « *Fatal attack on an adult female* Cercopithecus mitis erythrarchus : i*mplications for female dispersal in female-bonded societies* », *International Journal of Primatology*, vol. 24, nº 6, 2003, p. 1245-1250.

13. Clutton-Brock T. H.等, « *Selfish sentinels in cooperative mammals* », *Science*, vol. 284, nº 5420, 1999, p. 1640-1644.

14. https://kalahariresearchcentre.org/

15. Dyble M., Houslay T. M., Manser M. B.與Clutton-Brock T., « *Intergroup aggression in meerkats* », *Proceedings of the Royal Society B*, vol. 286, 2019, 20191993.

16. Thompson F. J., Marshall H. H., Vitikainen E. I.與Cant M. A., « *Causes and consequences of intergroup conflict in cooperative banded mongooses* », *Animal Behaviour*, vol. 126, 2017, p. 31-40.

17. Johnstone R. A., Cant M. A., Cram D.與Thompson F. J., « *Exploitative leaders incite intergroup warfare in a social mammal* », *Proceedings of the National Academy of Sciences*, vol. 117, n° 47, 2020, p. 29759-29766.

18. Diekmann A., « *Volunteer's dilemma* », *Journal of Conflict Resolution*, vol. 29, 1985, p. 605-610.

19. Arseneau-Robar T. J. M.等, « *Female monkeys use both the carrot and the stick to promote male participation in intergroup fights* », *Proceedings of the Royal Society B : Biological Sciences*, vol. 283, n° 1843, 2016, 20161817.

20. Arseneau-Robar T. J. M.等, « *Male monkeys use punishment and coercion to de-escalate costly intergroup fights* », *Proceedings of the Royal Society B*, vol. 285, no 1880, 2018, 20172323.

21. Radford A. N., « *Preparing for battle ? Potential intergroup conflict promotes current intragroup affiliation* », *Biology Letters*, vol. 7, n° 1, 2011, p. 26-29.

22. Crofoot M. C., « *The cost of defeat : Capuchin groups travel further, faster and later after losing conflicts with neighbors* », *American journal of physical anthropology*, vol. 152, n° 1, 2013, p. 79-85.

23. Creel S.與Creel N. M., « *Six ecological factors that may limit African wild dogs,* Lycaon pictus », *Animal Conservation*, vol. 1, n° 1, 1998, p. 1-9.

第二章

1. Clutton-Brock T. H.與Parker G. A., « *Sexual coercion in animal societies* », *Animal Behaviour*, vol. 49, 1995, p. 1345-1365.
2. Sugiyama Y., « *On the social change of Hanuman langurs (*Presbytis entellus*) in their natural condition* », *Primates*, vol. 6, n°s 3-4, 1965, p. 381-418.
3. Lukas D.與Huchard E., « *The evolution of infanticide by males in mammalian societies* », *Science*, vol. 346, n° 6211, 2014, p. 841-844.
4. Pusey A. E.與Packer C., « *Infanticide in lions : consequences and counterstrategies* », 收錄於Parmigiani S.與vom Saal F., *Infanticide and parental care*, Londres, Harwood Academic Publishers, 1994, p. 277-299.
5. Rode-Margono E. J., Nekaris K. A. I., Kappeler P. M.與Schwitzer C., « *The largest relative testis size among primates and aseasonal reproduction in a nocturnal lemur,* Mirza zaza », *American journal of physical anthropology*, vol. 158, n° 1, 2015, p. 165-169.
6. Baniel A., Cowlishaw G.與Huchard E., « *Male violence and sexual intimidation in a wild primate society* », *Current biology*, vol. 27, n° 14, 2017, p. 2163-2168.
7. Muller M. N., Emery Thompson M., Kahlenberg S.與Wrangham R., « *Sexual coercion by male chimpanzees shows that female choice may be more apparent than real* », *Behavioral Ecology*

and Sociobiology, vol. 65, 2011, p. 921-933.

8. Prosen E. D., Jaeger R. G.與Lee D. R., «*Sexual coercion in a territorial salamander : females punish socially polygynous male partners*», *Animal Behaviour*, vol. 67, n° 1, 2004, p. 85-92.
9. Dunn D. G., Barco S. G., Pabst D. A.與McLellan W. A., «*Evidence for infanticide in bottlenose dolphins of the western North Atlantic*», *Journal of Wildlife Diseases*, vol. 38, n° 3, 2002, p. 505-510.
10. Fury C. A., Ruckstuhl K. E.與Harrison P. L., «*Spatial and social sexual segregation patterns in Indo-Pacific bottlenose dolphins (*Tursiops aduncus*)*», *PloS one*, vol. 8, n° 1, 2013, e52987.
11. Szykman M.等, «*Rare male aggression directed toward females in a female-dominated society : Baiting behavior in the spotted hyena*», *Aggressive Behavior : Official Journal of the International Society for Research on Aggression*, vol. 29, n° 5, 2003, p. 457-474.
12. Huxley J. S., «*A "disharmony" in the reproductive habits of the wild duck (*Anas boschas L.*)*», *Biologisches Zentralblatt*, vol. 32, 1912, 621423.
13. McKinney F., Derrickson S. R.與Mineau P., «*Forced Copulation in Waterfowl*», *Behaviour*, 1983, p. 250-294.
14. Parker G. A., «*Sperm competition and its evolutionary consequences in the insects*», *Biological Reviews*, vol. 45, n° 4, 1970, p. 525-567.

15. Cunningham E. J., «*Female mate preferences and subsequent resistance to copulation in the mallard*», *Behavioral Ecology*, vol. 14, n° 3, 2003, p. 326-333.

16. Brennan P. L.等, «*Coevolution of male and female genital morphology in waterfowl*», *PLoS One*, vol. 2, n° 5, 2007, e418.

17. Levick G. M., *Antarctic penguins – a study of their social habits*, Londres, William Heinemann, 1914.

18. 同前作者, «*Natural history of the Adélie penguin», 收錄於British Antarctic* (*'Terra Nova'*) *Expedition, 1910. Natural history report–zoology*, Londres, British Museum, Natural History, 1915, p. 55-84.

19. Russell D. G., Sladen W. J.與Ainley D. G., «*Dr. George Murray Levick* (*1876-1956*): *unpublished notes on the sexual habits of the Adélie penguin*», *Polar Record*, vol. 48, n° 4, 2012, p. 387-393.

20. Gröning J.與Hochkirch A., «*Reproductive interference between animal species*», *The Quarterly Review of Biology*, vol. 83, 2008, p. 257-282.

21. Hatfield B. B., Jameson R. J., Murphey T. G.與Woodard D. D., «*Atypical interactions between male southern sea otters and pinnipeds*», *Marine Mammal Science*, vol. 10, 1994, p. 111-114.

22. Harris H. S.等, «*Lesions and Behavior Associated with Forced Copulation of Juvenile Pacific Harbor Seals (*Phoca vitulina richardsi*) by Southern Sea Otters (*Enhydra lutris nereis*)*», *Aquatic Mammals*, vol. 36, n° 4, 2010.

23. Haddad W. A., Reisinger R. R., Scott T., Bester M. N.與De Bruyn P. J., «*Multiple occurrences of king penguin (*Aptenodytes patagonicus*) sexual harassment by Antarctic fur seals (*Arctocephalus gazella*)*», *Polar Biology*, vol. 38, n° 5, 2015, p. 741-746.

24. Pelé M., Bonnefoy A., Shimada M.與Sueur C., «*Interspecies sexual behaviour between a male Japanese macaque and female sika deer*», *Primates*, vol. 58, n° 2, 2017, p. 275-278.

第三章

1. «Les chiffres clés de la Défense édition 2020», www.defense.gouv.fr

2. https://donnees.banquemondiale.org/indicateur/MS.MIL.TOTL.TF.ZS

3. Passera L., Roncin E., Kaufmann B.與Keller L., «*Increased soldier production in ant colonies exposed to intraspecific competition*», *Nature*, vol. 379, n° 6566, 1996, p. 630-631.

4. Lucas J. R.與Brockmann H. J., «*Predatory interactions between ants and antlions (Hymenoptera : Formicidae and Neuroptera : Myrmeleontidae)*», *Journal of the Kansas Entomological Society*, 1981, p. 228-232.

5. Helms J. A., Peeters C.與Fisher B. L., «*Funnels, gas exchange and cliff jumping : natural history of the cliff dwelling ant* Malagidris sofina», *Insectes sociaux*, vol. 61, n° 4, 2014, p. 357-365.

6. Scholtz O. I., Macleod N.與Eggleton P., « *Termite soldier defence strategies : a reassessment of Prestwich's classification and an examination of the evolution of defence morphology using extended eigenshape analyses of head morphology* », *Zoological Journal of the Linnean Society*, vol. 153, n° 4, 2008, p. 631-650.
7. Šobotník J.等, « *Explosive backpacks in old termite workers* », *Science*, vol. 337, n° 6093, 2012, p. 436.
8. Grüter C., Menezes C., Imperatriz-Fonseca V. L.與Ratnieks F. L., « *A morphologically specialized soldier caste improves colony defense in a neotropical eusocial bee* », *Proceedings of the National Academy of Sciences*, vol. 109, n° 4, 2012, p. 1182-1186.
9. Kutsukake M.等, « *Exaggeration and cooption of innate immunity for social defense* », *Proceedings of the National Academy of Sciences*, vol. 116, n° 18, 2019, p. 8950-8959.
10. Shigeyuki A ., « Colophina clematis (*Homoptera, Pemphigidae*), *an Aphid Species with "Soldiers"* », *Kontyû*, Tokyo, vol. 45, 1977, p. 276-282.
11. Duffy J. E., « *Eusociality in a coral-reef shrimp* », *Nature*, vol. 381, n° 6582, 1996, p. 512-514.
12. Lagrue C., *Les parasites manipulateurs. Sommes-nous sous influence ?*, Paris, humenSciences, 2020.
13. Hechinger R. F., Wood A. C.與Kuris A. M., « *Social organization in a flatworm : trematode parasites form soldier and reproductive*

castes», *Proceedings of the Royal Society B : Biological Sciences*, vol. 278, n° 1706, 2011, p. 656-665.

14. Newey P. 與 Keller L., «*Social evolution : war of the worms*», *Current Biology*, vol. 20, n° 22, 2010, R985-R987.

15. Albani A. E. 等, «*Large colonial organisms with coordinated growth in oxygenated environments 2.1 Gyr ago*», *Nature*, vol. 466, n° 7302, 2010, p. 100-104.

第四章

1. https://www.bbcearth.com/lion-trapped-by-clan-of-hyenas

2. Schaller G. B., *The Serengeti lion : a study of predator-prey relations*, Chicago, University of Chicago Press, 1972.

3. Kruuk H., *The spotted hyena : a study of predation and social behavior*, Chicago, University of Chicago Press, 1972.

4. Palomares F. 與 Caro T. M., «*Interspecific killing among mammalian carnivores*», *The American Naturalist*, vol. 153, n° 5, 1999, p. 492-508.

5. Southern L. M., Deschner T. 與 Pika S., «*Lethal coalitionary attacks of chimpanzees (*Pan troglodytes troglodytes*) on gorillas (*Gorilla gorilla gorilla*) in the wild*», *Scientific reports*, vol. 11, n° 1, 2021, p. 1-10.

6. Klein H. 等, «*Hunting of mammals by central chimpanzees (*Pan troglodytes troglodytes*) in the Loango National Park, Gabon*», *Primates*, vol. 62, 2021, p. 267-278.

7. Mangani B., «*Buffalo kills lion*», *African Wildlife*, vol. 16, 1962, p. 27
8. Mitchell B. L., Shenton J. B.與Uys J. C. M., «*Predation on large mammals in the Kafue National Park, Zambia*», *African Zoology*, vol. 1, 1965, p. 297-318.
9. Moriceau J.-M., *L'homme contre le loup. Une guerre de deux mille ans*, Paris, Fayard, 2011.
10. Leclerc G.-L., *Histoire naturelle, générale et particulière, avec la description du Cabinet du roi*, t. VII, 1758.
11. 當時人們不知道狼其實是一種社會性極強的動物。延伸閱讀：Jouventin P., *Le loup, ce mal-aimé qui nous ressemble*, Paris, humenSciences, 2022.
12. https://www.francetvinfo.fr/sante/environnement-et-sante/600-000-renards-sont-ils-reellement-tues-chaque-annee-en-france_3727597.html
13. Ripple W. J.與Beschta R. L., «*Trophic cascades in Yellowstone : the first 15 years after wolf reintroduction*», *Biological Conservation*, vol. 145, nº 1, 2012, p. 205-213.

第五章

1. Aron S., Steinhauer N. 與Fournier D., «*Influence of queen phenotype, investment and maternity apportionment on the outcome of fights in cooperative foundations of the ant* Lasius niger», *Animal Behaviour*, vol. 77, nº 5, 2009, p. 1067-1074.

2. Cheron B., Doums C., Federici P.與Monnin T., « *Queen replacement in the monogynous ant* Aphaenogaster senilis*: supernumerary queens as life insurance* », *Animal Behaviour*, vol. 78, nº 6, 2009, p. 1317-1325.
3. Réaumur R.-A. (de), *Mémoire pour servir à l' histoire des insectes*, Imprimerie Royale 5, 1741, p. 207-728.
4. Strauss E. D.與Holekamp K. E., « *Social alliances improve rank and fitness in convention-based societies* », *Proceedings of the National Academy of Sciences of the United States of America*, vol. 116, 2019, p. 8919-8924.
5. Higham J. P.與Maestripieri D., « *Revolutionary coalitions in male rhesus macaques* », *Behaviour*, 2010, p. 1889-1908.
6. Chapais B., « *Alliances as a means of competition in primates : evolutionary, developmental, and cognitive aspects* », *American Journal of Physical Anthropology*, vol. 38, 1995, p. 115-136.
7. Nishida T., « *Alpha status and agonistic alliance in wild chimpanzees (*Pan troglodytes schweinfurthii*)* », *Primates*, vol. 24, nº 3, 1983, p. 318-336.
8. De Waal F. B. M., « *The brutal elimination of a rival among captive male chimpanzees* », *Ethology and Sociobiology*, vol. 7, 1986, p. 237-251.
9. Chapais B., « *Rank maintenance in female Japanese macaques : Experimental evidence for social dependency* », *Behaviour*, vol. 104, 1988, p. 41-59.

10. Setchell J. M., Knapp L. A.與Wickings E. J., « *Violent coalitionary attack by female mandrills against an injured alpha male* », *American Journal of Primatology : Official Journal of the American Society of Primatologists*, vol. 68, n° 4, 2006, p. 411-418.

11. Holtmann B., Buskas J., Steele M., Solokovskis K.與Wolf J. B., « *Dominance relationships and coalitionary aggression against conspecifics in female carrion crows* », *Scientific reports*, vol. 9, n° 1, 2019, p. 1-8.

12. Chak S. T., Rubenstein D. R.與Duffy J. E., « *Social control of reproduction and breeding monopolization in the eusocial snapping shrimp* Synalpheus elizabethae », *The American Naturalist*, vol. 186, n° 5, 2015, p. 660-668.

13. Clarke F. M.與Faulkes C. G., « *Dominance and queen succession in captive colonies of the eusocial naked mole-rat,* Heterocephalus glaber », *Proceedings of the Royal Society of London. Series B : biological sciences*, vol. 264, n° 1384, 1997, p. 993-1000.

第六章

1. Gruter M.與Masters R. D., « *Ostracism as a social and biological phenomenon : An introduction* », *Ethology and Sociobiology*, vol. 7, 1986, p. 149-158.

2. Roberts P. J., « *Storm petrel chasing albino* », *British Birds*, vol.

71, n° 8, 1978, p. 357.

3. Filatova O. A.等, « *White killer whales (*Orcinus orca*) in the western North Pacific* », *Aquatic Mammals*, vol. 42, n° 3, 2016, p. 350-356.
4. Slavík O., Horký P.與Maciak M., « *Ostracism of an Albino Individual by a Group of Pigmented Catfish* », *PLoS One*, vol. 10, n° 5, 2015, e0128279.
5. Poirotte C.等, « *Mandrills use olfaction to socially avoid parasitized conspecifics* », *Science advances*, vol. 3, n° 4, 2017, e1601721.
6. Kiesecker J. M., Skelly D. K., Beard K. H.與Preisser E., « *Behavioral reduction of infection risk* », *Proceedings of the National Academy of Sciences*, vol. 96, n° 16, 1999, p. 9165-9168.
7. Behringer D. C., Butler M. J.與Shields J. D., « *Avoidance of disease by social lobsters* », *Nature*, vol. 441, n° 7092, 2006, p. 421.
8. Goodall J., « *Social rejection, exclusion, and shunning among the Gombe chimpanzees* », *Ethology and Sociobiology*, vol. 7, n°s 3-4, 1986, p. 227-236.
9. Sasaki T.與Uchida S., « *The evolution of cooperation by social exclusion* », *Proceedings of the Royal Society B : Biological Sciences*, vol. 280, n° 1752, 2013, 20122498.
10. Nishida T., Hosaka K., Nakamura M.與Hamai M., « *A within-*

group gang attack on a young adult male chimpanzee : ostracism of an ill-mannered member ?», *Primates*, vol. 36, n° 2, 1995, p. 207-211.

11. Benenson J. F.等, «*Social exclusion : more important to human females than males*», *PLoS One*, vol. 8, n° 2, 2013, e55851.
12. Douglas T., *Scapegoats : transferring blame*, Routledge, 2002.
13. Girard R., *Le bouc émissaire*, Paris, Grasset, 2014.
14. Bouissou M. F.與Boissy A., «Le comportement social des bovins et ses conséquences en élevage», *Productions animales*, vol. 18, n° 2, 2005, p. 87-99.
15. De Waal F. B., van Hooff J. A. 與Netto W. J., «*An ethological analysis of types of agonistic interaction in a captive group of Java-monkeys (*Macaca fascicularis*)*», *Primates*, vol. 17, n° 3, 1976, p. 257-290.

第七章

1. Golding W., *Sa Majesté des mouches*, Paris, Gallimard, 1956.
2. Kaburu S. S., Inoue S.與Newton-Fisher N. E., «*Death of the alpha : Within-community lethal violence among chimpanzees of the Mahale Mountains National Park*», *American journal of primatology*, vol. 75, n° 8, 2013, p. 789-797.
3. Weimerskirch H., Le Bouard F., Ryan P. G.與Bost C. A., «*Massive decline of the world's largest king penguin colony at Ile aux Cochons, Crozet*», *Antarctic Science*, vol. 30, n° 4, 2018,

p. 236-242.

4. Hediger H., *Wild animals in captivity*, Oxford, Butterworth-Heinemann, 2013.
5. Hall E. T., «*Proxemics : The study of man's spatial relations*», *Man's image in medicine and anthropology*, 1963.
6. Hutt C.與Vaizey M. J., «*Differential effects of group density on social behavior*», *Nature*, vol. 209, 1966, I37.
7. Clarke J. R., «*Influence of numbers on reproduction and survival in two experimental vole populations*», *Proceedings of the Royal Society of London. Series B-Biological Sciences*, vol. 144, n° 914, 1955, p. 68-85.
8. Walker R. S.與Hamilton M. J., «*Life-history consequences of density dependence and the evolution of human body size*», *Current Anthropology*, vol. 49, n° 1, 2008, p. 115-122.
9. West-Eberhard M. J., «*The evolution of social behavior by kin selection*», *The Quarterly Review of Biology*, vol. 50, n° 1, 1975, p. 1-33.
10. East M. L.與Hofer H., «*Male spotted hyenas (*Crocuta crocuta*) queue for status in social groups dominated by females*», *Behavioral Ecology*, vol. 12, n° 5, 2001, p. 558-568.
11. Rohwer S.與Ewald P. W., «*The cost of dominance and the advantage of subordination in a badge-signalling system*», *Evolution*, vol. 35, 1981, p. 441-454.

12. Bollache L., *Comment pensent les animaux*, Paris, humenSciences, 2020.

13. De Waal F.與van Roosmalen A., « *Reconciliation and consolation among chimpanzees* », *Behavioral Ecology and Sociobiology*, vol. 5, n° 1, 1979, p. 55-66.

14. Burkett J. P.等, « *Oxytocin-dependent consolation behavior in rodents* », *Science*, vol. 351, n° 6271, 2016, p. 375-378.

15. Seed A. M., Clayton N. S.與Emery N. J., « *Postconflict third-party affiliation in rooks,* Corvus frugilegus », *Current Biology*, vol. 17, n° 2, 2007, p. 152-158.

16. Fraser O. N.與Bugnyar T., « *Do ravens show consolation ? Responses to distressed others* », *PLoS One*, vol. 5, n° 5, 2010, e10605.

17. Cools A. K. A., van Hout A. J. M.與Nelissen M. H. J., « *Canine reconciliation and thirdparty-initiated postconflict affiliation : do peacemaking social mechanisms in dogs rival those of higher primates ?* », *Ethology*, vol. 114, 2008, p. 53-63.

18. Wahaj S. A., Guse K.與Holekamp K. E., « *Reconciliation in the spotted hyena (*Crocuta crocuta*)* », *Ethology*, vol. 107, 2001, p. 1057-1074.

19. Schino G., « *Reconciliation in domestic goats* », *Behaviour*, vol. 135, 1998, p. 343-356.

20. Aureli F.與de Waal F. B. M., *Natural conflict resolution*, Berkeley, University of California Press, 2000.

21. *Bulletin du Cercle Zoologique Congolais*, cinquième année (1928), vol. V, fascicule 1 – Comptes-rendus des séances, séance du 14 janvier 1928, p. 9.

22. Herzfeld C., « L'invention du bonobo », *Bulletin d'histoire et d'épistémologie des sciences de la vie*, vol. 14, n° 2, 2007, p. 139-162.

23. Coolidge Jr H. J., « Pan paniscus. *Pigmy chimpanzee from south of the Congo river* », *American Journal of Physical Anthropology*, vol. 18, n° 1, 1933, p. 1-59.

24. De Waal F. B., « *Bonobo sex and society* », *Scientific american*, vol. 272, n° 3, 1995, p. 82-88.

25. Wrangham R. W., « *The evolution of sexuality in chimpanzees and bonobos* », *Human Nature*, vol. 4, 1993, p. 47-79.

26. Hohmann G. 與 Fruth B., « *Use and function of genital contacts among female bonobos* », *Animal Behaviour*, vol. 60, 2000, p. 107-120.

27. Sapolsky R. M. 與 Share L. J., « *A pacific culture among wild baboons : its emergence and transmission* », *PLoS biology*, vol. 2, n° 4, 2004, e106.

28. Darwin C., *On the Origin of Species by Means of Natural Selection, or the Preservation of Favoured Races in the Struggle for Life*, London, John Murray, 1859.

29. 同前作者, *The Descent of Man and Selection in Relation to Sex*, London, John Murray, 1871.

30. 同前作者, *The Variation of Animals and Plants Under Domestication*, London, John Murray, 1868.

31. Belyaev D. K., «*Domestication of animals*», *Science Journal*, 1969, p. 47-52.

32. Kaminski J., Waller B. M., Diogo R.與Burrows A. M., «*Evolution of facial muscle anatomy in dogs*», *The Proceedings of the National Academy of Sciences*, vol. 116, n° 29, 2019, p. 14677-14681.

33. Balzeau A.等, «*First description of the Cro-Magnon 1 endocast and study of brain variation and evolution in anatomically modern* Homo sapiens», *Bulletins et Mémoires Société d'Anthropologie de Paris*, vol. 25, nos 1-2, 2013, p. 1-18.

34. Wrangham R. W., «*Hypotheses for the evolution of reduced reactive aggression in the context of human self-domestication*», *Frontiers in Psychology*, vol. 10, 2019.

35. Leach H., «*Human domestication reconsidered*», *Current Anthropology*, vol. 44, 2003, p. 349-368.

結論

1. Rousseau J.-J., *Discours sur l'origine et les fondements de l'inégalité parmi les hommes*, 1755.

2. *Pensées et Fragments inédits de Montesquieu*, 1899.

3. Gayon J., *Darwin et l'après-Darwin. Une histoire de l'«Hypothèse» de sélection naturelle*, Paris, Éditions Kimé, 1992.

4. Darwin C., *The descent of man*, New York, D. Appleton, 1871.

5. Hamilton W. D., « *The genetical evolution of social behaviour* », *Journal of theoretical biology*, vol. 7, nº 1, 1964, p. 1-16.

6. Trivers R. L., « *The evolution of reciprocal altruism* », *Quarterly review of biology*, 1971, p. 35-57.

7. Axelrod R.與Hamilton W. D., « *The evolution of cooperation* », *Science*, vol. 211, nº 4489, 1981, p. 1390-1396.

8. Roberts G.與Sherratt T. N., « *Development of cooperative relationships through increasing investment* », *Nature*, vol. 394, 1998, p. 175-179.

9. Carter G. G.等，« *Development of new food-sharing relationships in vampire bats* », *Current Biology*, vol. 30, nº 7, 2020, p. 1275-1279.

10. Choi J. K.與Bowles S., « *The coevolution of parochial altruism and war* », *Science*, vol. 318, nº 5850, 2007, p. 636-640.

致謝

感謝Cécile、Angel和Elia的陪伴與耐心。

感謝我的兩隻貓Ozzy、Skye以及我的小狗Tommy。

感謝我的朋友François-Xavier、Jérôme、Mathias、François給我的支持，與我們回回都難能可貴的討論。

在此也要特別鄭重向Olivia Recasens與Joanna Blin致謝，感謝她們的仔細閱讀與寶貴建議。

國家圖書館出版品預行編目資料

當動物拳腳相向時：動物為何而戰?從生物學看衝突、排擠、搶奪與強制交配如何形塑動物行為／羅伊克・博拉許（Loïc Bollache）著；陳郁雯譯. -- 一版. -- 臺北市：臉譜出版：英屬蓋曼群島商家庭傳媒股份有限公司城邦分公司發行, 2025.07
面： 公分. -- （科普漫遊；FQ1090）

譯自：Quand les animaux font la guerre

ISBN 978-626-315-661-6(平裝)

1.CST：動物行為 2.CST：動物學

383.7 114006000